たいへん！

…について 考えよう

…なったのかな？

NATURE FACT FILE

どれも 「しぜんさいがい」によって おこりました。
どんな しぜんさいがいで、こうなったのでしょう。

電柱が たおれている！

家の 中が 水びたしだ！

家が こわれている！

家が うまっている！

電柱が たおれる ほどの 強い 力って？

1かいも つぶれている！

家は 何に うまって いるのかな？

どうして 水が ふえたのかな？

水びたしだったのは…

大雨で 川の 水が あふれたから！

雨が きゅうに たくさん ふり、川の 水が あふれて しまいました。そして 水が たてものにも 入って きたのです。

なぜ こんなに 大雨が？

雲に かんけい あるのかな？

大雨が ふる しくみを 見てみよう。右の ページを 開こう。

ふん火する しくみを 見てみよう。右の ページを 開こう。

家が うまっていたのは…

火山から 土が ながれてきたから！

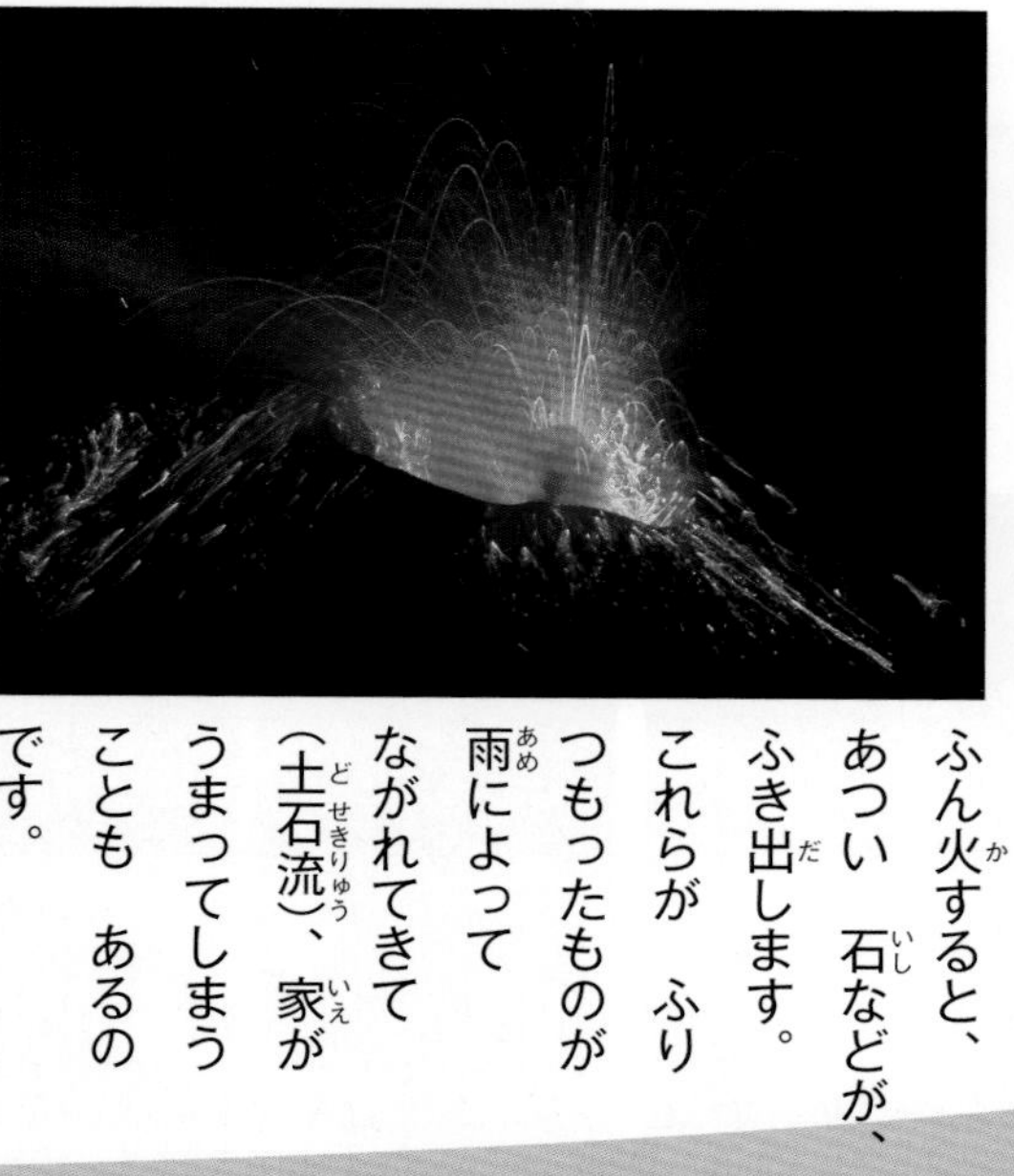

なぜ石などが ふき出すの？

火山の 中には 何が あるの？

ふん火すると、あつい 石などが、ふき出します。これらが ふり つもったものが 雨によって ながれてきて（土石流）、家が うまってしまう ことも あるのです。

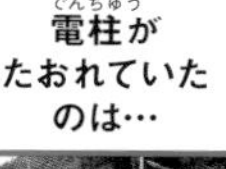

台風で 強い 風が ふいたから！

台風が 近づくと、強い 雨風が ふきあれます。木や 電柱が なぎたおされ、それらに ぶつかって、ものが こわれる ことも あります。

雨風が 強い のは なぜ？

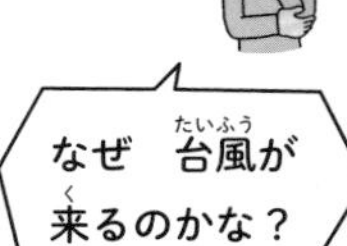

なぜ 台風が 来るのかな？

台風が くる しくみを 見てみよう。左の ページを 開こう。

地しんが おこる しくみを 見てみよう。左の ページを 開こう。

家が こわれていたのは…

地しんで はげしく ゆれたから！

どうして ゆれるのかな。
地面の 下は どうなっているの。

地しんが おこると、地面が はげしく うごきます。ひびが 入ったり（地割れ）、たてものが こわれたり する ことも あります。

考えて まとめてみよう！

さいがいから みを まもるには？

わたしたちは、自分たちを まもる ために、
どんなことを したら よいでしょう。

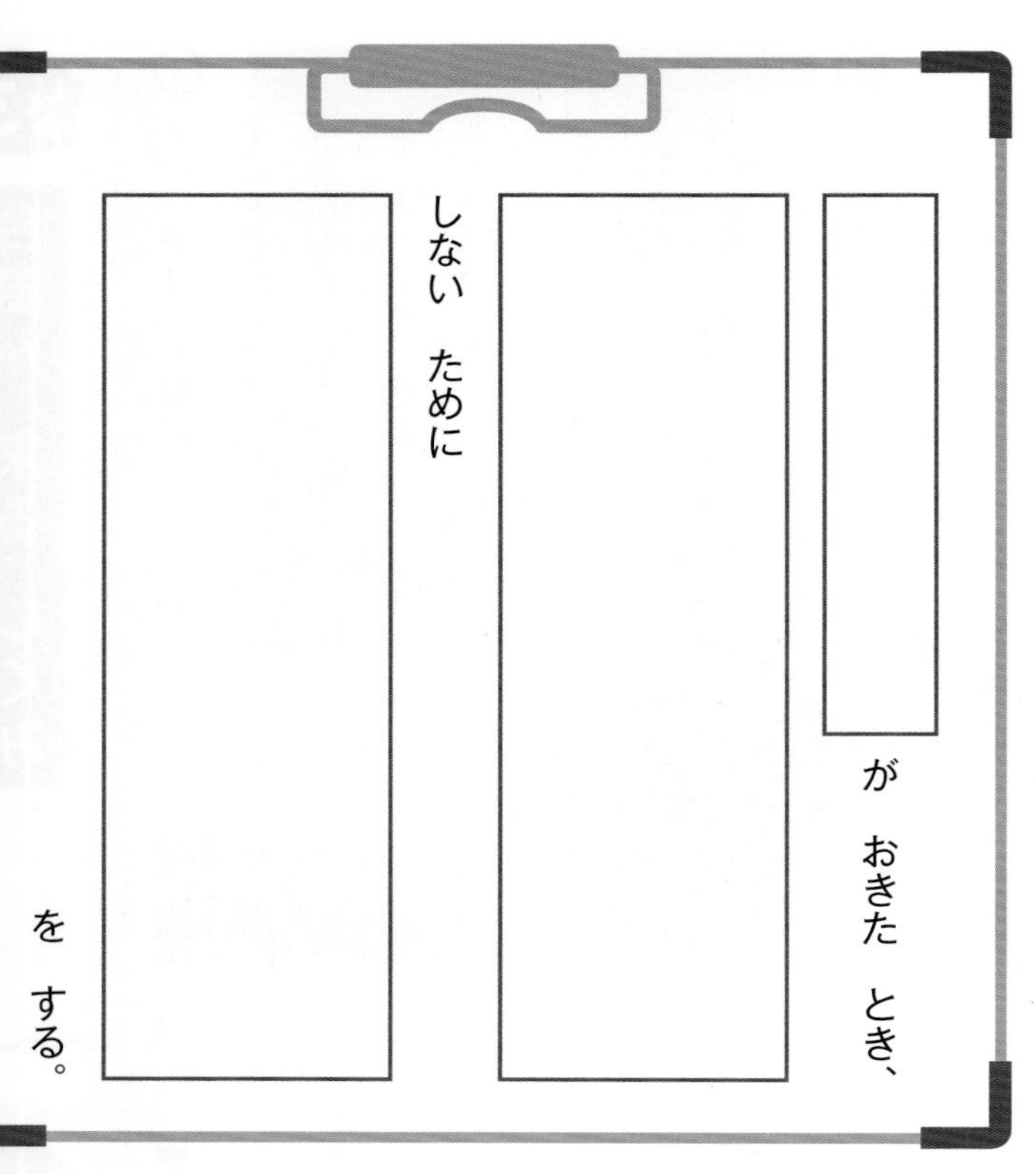

たとえば こんなことは どうかな？

台風

ランダの ものを
たづける。

ニュースを 聞いて
早めに にげる。

大雨

大雨の ときは、
川に 近づかない。

高い ところへ
にげる。

地しん

うちの 人と
なんばしょを
めておく。

自分の からだの
まもり方を 知って
おく。

ふん火

みんなと たすけ合って
早めに にげる。

すぐに にげられる
ように、大事な
ものを まとめておく。

なぜ？ どうして？

科学(かがく)のぎもん 2年生

監修 森本信也（横浜国立大学名誉教授）

Gakken

もくじ

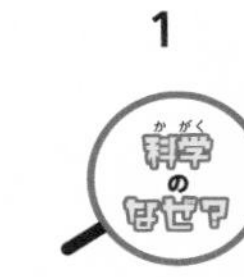

からだの お話

絵・金田啓介

絵・尾田瑞季

絵・八木橋麗代

生き物の お話 1

絵・越濱久晴

生き物の お話②

絵・やまざきかおり

絵・すがわらけいこ

食べ物や 身近な ものの お話

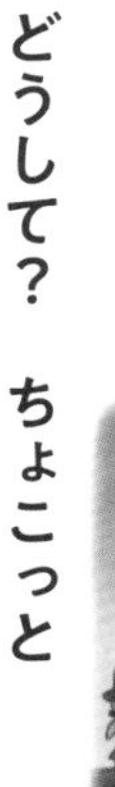

地球・うちゅうの　お話

からだの お話（はなし）

おしっこは　どうして　黄色（きいろ）い　ときが　あるの？

おしっこは　ふつう、うすい　黄色（きいろ）を　しています。
でも、のみものを　たくさん　のんだ　あとは、もっと　うすい　黄色（きいろ）に　なります。また、のどが　かわいた　ときに　おしっこを　すると、こい　黄色（きいろ）に　なります。
どうして　こんなことが　おこるのでしょう。

人は 一日の うち、何度も のみものを 口に しますね。でも、のんだ もので からだが ふくれて しまう ことは ありません。

これは ひつような 水分を からだに とり入れた あと、あまった 水分を おしっこや あせとして、からだの 外に 出して しまうからです。

おしっこが 黄色い 色を して いるのは、からだの 中から 出る 「たんじゅう」と いう 黄色い えきが まじって いるからです。

のみものを　たくさん　とると、おしっこに
ふくまれる　水分が　多くなって、この
「たんじゅう」が　うすまるので、おしっこの　色も
うすく　なります。
はんたいに　何も　のまないで　いると、おしっこに
ふくまれる　水分が　少なくなって、「たんじゅう」が
こく　なるので、おしっこも　こい　黄色に
なるのです。

うんちには どうして かたいのと やわらかいのが あるの？

おしりの あなから 出てくる うんち。かたい ときも あれば やわらかい ときも ありますね。同じ うんちなのに どうして かたさが ちがう ときが あるのでしょう。まずは うんちの できかたから 見てみましょう。

口から　入った　食べ物は、歯で　かみくだかれたあと、のどを　通って、おなかに　ある　「胃」と　いう　ふくろに　入ります。食べ物は、胃で　ドロドロに　とかされ、つぎに　「小腸」に　入っていきます。小腸では　食べ物に　ある　えいようが　からだの　中に　とりこまれます。

このあと　食べ物は　「大腸」へと　はこばれて　いきます。ここでは　食べ物の　水分が、からだの　中に　とりこまれます。

えいようも　水分も　からだの　中に　とりこまれ、

のこっているのは
かすばかりです。
これが 「こうもん」と
いう おしりの あなを
通って、うんちとして
外に 出されるのです。
うんちは どのくらい
けんこうなのかに よって、
かたさが かわります。
からだの 調子が いい

ときの　うんちは、かたすぎず　やわらかすぎず
ちょうどいい　かんじです。
はんたいに　からだの　調子(ちょうし)が　わるいと、
おなかの　はたらきも　わるく　なるので、カチカチに
かたい　うんちや、ベチャッと　した　やわらかい
うんち、水(みず)のような　うんちなどが　出(で)てきます。
うんちの　かたさは、けんこうを　知(し)る　うえで
とても　大切(たいせつ)なのです。

どうして 太る ことが あるの？

人の からだに なくては ならない えいようの
一つに 「しぼう」が あります。しぼうは
食べ物に よって とりこまれ、人の 活動を
ささえる もととして、からだに たくわえられます。
「太る」とは、しぼうが たくわえられすぎた 様子を

いいます。
太る　おもな　理由は、食べすぎと
うんどうが　足りない　ことです。
食べすぎとは、ひつような
りょうよりも　多く　食べてしまう
ことを　いいます。とうぜん、
しぼうも　たくさん　からだの
中に　入ります。
うんどうを　すれば、しぼうは
エネルギーとして　つかわれるので

へります。しかし、うんどうを しないと、しぼうは からだに たくわえられたままに なります。食べすぎや、うんどうが 足りない ことが つづくと、からだは しぼうを たくわえつづける ことに なり、太ってしまうのです。

このほかにも、ごはんを 食べる 時間が いつも ちがったり、夜ふかししたり する 生活を つづけて いると、からだの はたらきが わるくなり、しぼうが うまく つかわれなくなって、太ってしまう ことも あります。

日焼けすると、かわが　むけるのは　なぜ？

夏に　海で　およぐと、日焼けを　して　「ひふ」の色が　こく　なりますね。それから　しばらくすると、かわが　むけてしまいます。
じつは　この　むけた　かわは、ひふのしがいなのです。どうして、こんなことが

おこるのでしょう。

ひふの 色が こく なるのは、太陽の 光に ふくまれている 「紫外線」の せいです。紫外線は とても 強い ため、光が たくさん 当たると、ひふは 赤くなり、ほてった ような かんじに なります。

これは、紫外線に よって ひふの おんどが 上がり、ひふの 下に ある 「血管」に、たくさんの 血が ながれこむ ためです。ひどく なると、ひふが やけどを した ように ヒリヒリと いたく なったり、水ぶくれが できたり します。日焼けと いうのは、

かるい　やけどを　した　ことと　同じ　ことなのです。

　こんな　強い　光が、ひふの　ふかくまで　とどいたらたいへんです。このため　ひふは　紫外線が　当たりはじめると、「メラニン」と　いう　黒い　色の　もとを出します。

　メラニンは　ひふの　中に　あり、紫外線をかんじると、ふえて　広がって　いきます。ひふは紫外線を　ふかくまで　通さないように、メラニンに日よけの　やくわりを　させるのです。

でも、夏は 紫外線が
あまりに 強すぎて、メラニンの
はたらきだけでは
ふせぎきれません。そのため、
ひふの そとがわの かわが
しんでしまいます。
しんだ かわは、新しい
かわが 生まれると むけて
おちます。日焼けすると かわが
むけるのは、このためなのです。

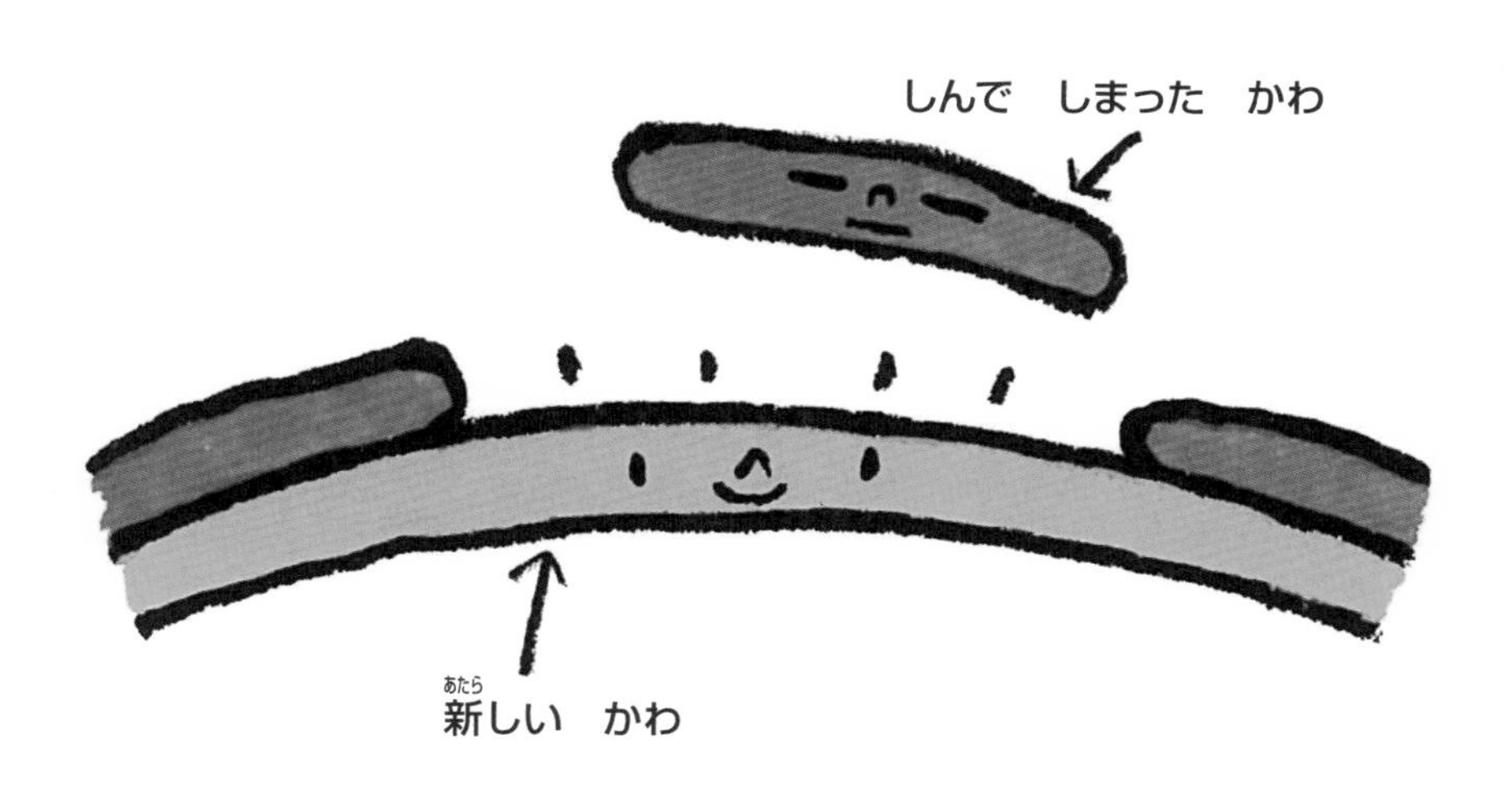

毛は　何の　ためにはえているの？

大むかし、人間は　サルなどの　どうぶつと同じように、からだ全体が　毛で　おおわれていました。この　毛に　よって　からだを　まもったり、体温が　下がるのを　ふせいだり　していたのです。
やがて　人間が　サルなどと　ちがう　道を　歩んで、

火を つかうように なると、毛は 少しずつ へりましたが、それでも あちこちに 毛が のこりました。こうした 毛には、どのような やくわりが あるのでしょうか。

頭に 生えている 毛は、「かみの 毛」と よばれます。人間の からだに 生えている 毛の 中で、この 毛が 一番 多いですね。

かみの　毛には　いろいろな　はたらきが　あります。一つは　クッションの　やくわりです。少しばかり　かたい　ものが　頭に　当たっても　平気なのは、かみの　毛が　当たりを　やわらげるからです。ほかにも　太陽の　光から　頭を　まもり、さむい　ときでも　頭から　ねつが　にげないように　しています。

頭の　中には、人間が　生きていくのに　なくては　ならない　「脳」が　あります。からだの　中で　一番　大切な　ところなので、たくさんの　毛が　のこったといわれています。
鼻の 中に ある 「鼻毛」は、
すいこんだ 空気に ふくまれる、
ごみや ほこりが からだの 中に
入らないように しています。
目の まわりに ある
「まつ毛」は、あせや ごみが
目に 入らないようにし、耳の
中に ある 毛も、ほこりなどが
入るのを ふせいで いるのです。

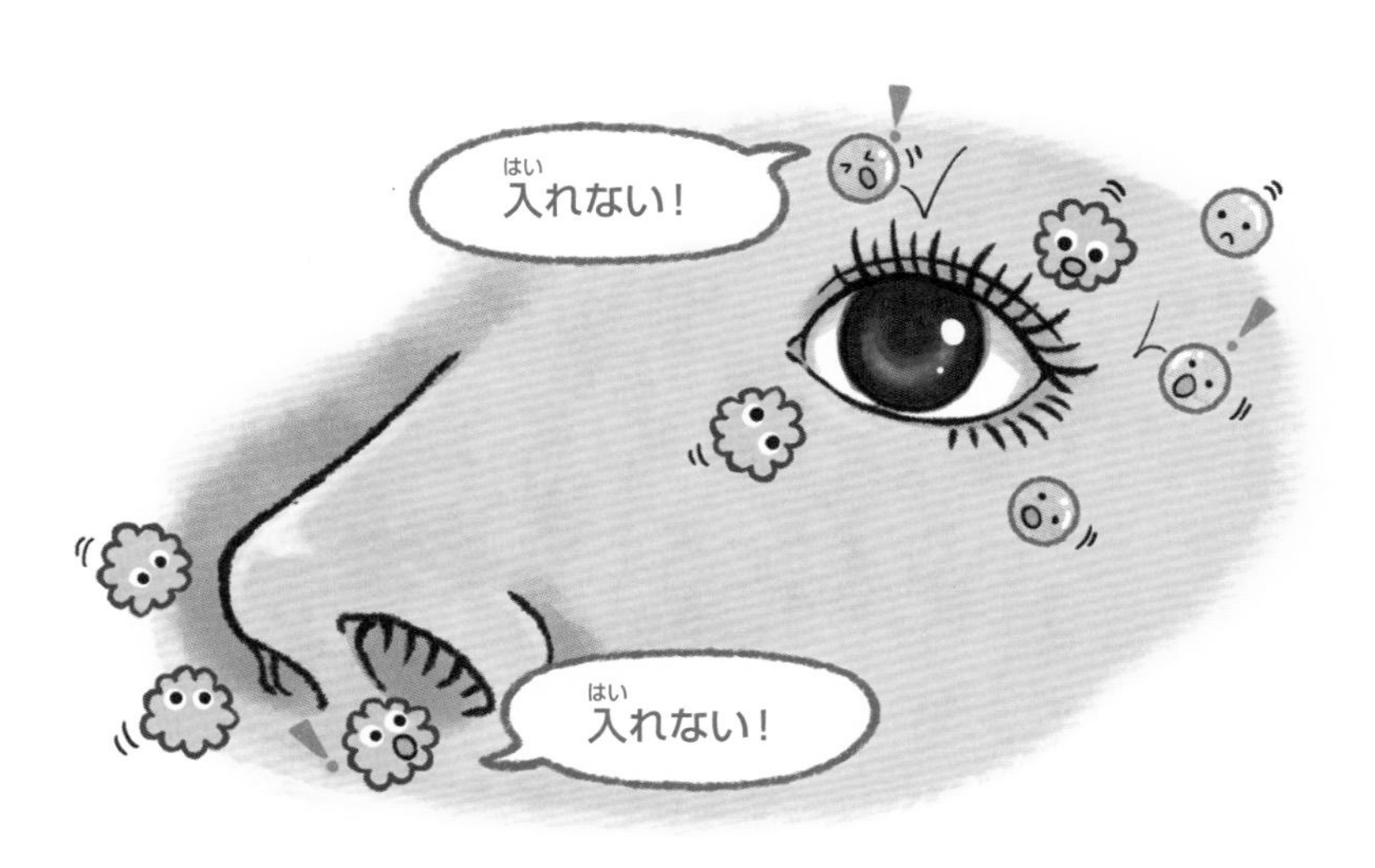

どうして　さむい　ときに　はく　いきは　白い(しろ)の？

人(ひと)の　いきには、目(め)に　見(み)えない　小(ちい)さな　水(みず)の　つぶが　たくさん　まじっています。これを「水(すい)じょう気(き)」と　よびます。ガラスや　かがみに　いきを　はくと、白(しろ)く　くもります。あれは　いきの　中(なか)の　水(すい)じょう気(き)が、ガラスや　かがみで　ひやされて

水に もどり、目に 見えるように なった もの なのです。

さむい ときに はく いきが 白くなるのも、いきに ふくまれる 水じょう気と、大きな かかわりが あります。

人の からだの おんどは、だいたい 三十五度から 三十七度と あたたかいです。いっぽう 冬には、気温が とても ひくくなり、

空気は　つめたく　なっています。

　このため、人が　はき出した　あたたかい　いきは、まわりの　つめたい　空気に　よって　きゅうに　ひやされます。すると、いきの　中の　水じょう気の　小さな　つぶは、ひやされる　ことで　つぶと　つぶとが　くっついて、水に　なります。水の　つぶが　たくさん　できると、いきが　白く　見えるのです。

　まわりの　空気が　あたたかい　ときは、いきに　ふくまれる　水の　つぶが　くっつかないため、いきを　はいても　白くは　なりません。

ねつが 出た とき 頭を ひやすのは なぜ？

かぜなどを ひくと ねつが 出ます。これは からだが、中で あばれている 「きん」と たたかうため、体温を 上げているからです。

ねつが 出ると からだが だるくて 元気が 出ず、本当に つらいですね。

ねつが　出ると、頭を
こおりまくらなどで
ひやした　ことが　ある人も
いるのでは　ないでしょうか。
　じつは、このようにして
頭を　ひやすのは、
ねつを　下げる　ためでは
ないのです。
　ねつで　頭が　ぼーっと
していると、ぐっすりと

ねむれない　ことが　あります。そこで、頭を　ひやして、気持ちよく　からだを　休めるように　して　いるのです。

　これが、おいしゃさんが　よく　いう　「あんせい」です。じつは　からだが　あんせいの　じょうたいだと　からだは　びょうきの　きんと　たたかいやすく　なるのです。

　ねつが　出た　ときに　頭を　ひやすのには、ちゃんと　理由が　あるのです。

せきは　どうして　出る(で)の？

ゴホン、ゴホンと　つづく　しつこい　せき。つかれるし、のども　いたく　なるし、本当(ほんとう)に　こまりますね。でも、せきは、からだに　とって、とても　大切(たいせつ)な　はたらきを　しています。

せきは、のどに　くっついている、わるい　ものを

はき出すために　出ています。わるい　ものとは……
そう、ごみが　ありますね。人が　ふだん　いきを　して
すいこんでいる　空気には、たくさんの　目に
見えない　ごみが　ふくまれています。

　ごみが　からだの　おくふかくに　入ると、からだの
調子が　わるく　なってしまいます。そのため、
からだは、のどに　ある「せん毛」と　いう　とても
細かい　毛で、空気と　いっしょに　入ってきた
ごみを　つかまえます。

　ごみが　おくに　いかないように　つかまえた　あと、

のどは　せん毛を　つかって、ごみを　のどの　上の
ほうに　はこびます。しかし、このとき　たまに、ごみが
くっついたままに　なる　ことが　あります。
すると　頭に　ある「脳」から、「くっついている
ごみを　はき出せ！」と　いう　めいれいが　のどに
おくられます。すると、
めいれいを　うけた　のどは
いきを　強く　はいて、
のこっていた　ごみを
ふきとばそうと　します。

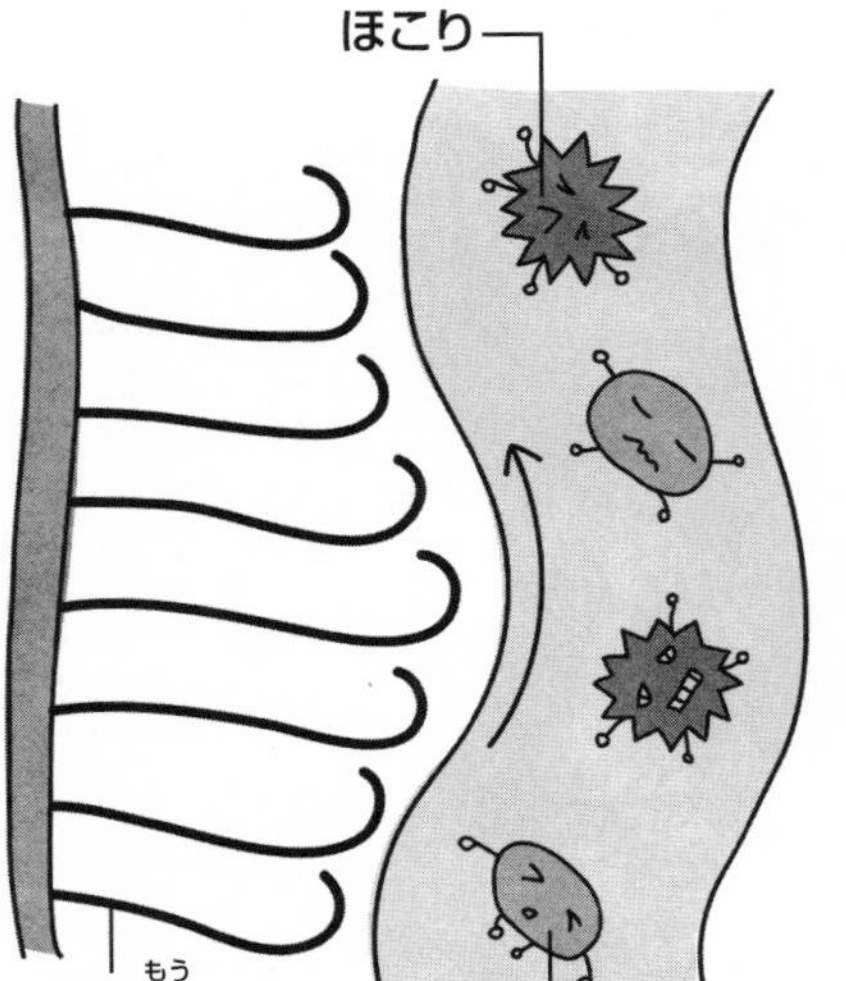

ほこり
ごみ
せん毛

これが　「せき」です。
かぜを　ひいて　せきが　出るのも、これと　同じです。
このときは、のどに　くっついている　かぜの　きんを
外に　おい出すため、せきが　出るのです。
せきに　よって　はき出される　空気は、時速百六十
キロメートルと　いわれています。これは、プロ野球で
かつやくする　ピッチャーが　なげる　ボールの　はやさ
くらいです。せきは　ものすごい　はやさで　空気を
はき出し、わたしたちの　からだを、目に　見えない
ごみや　きんから　まもってくれているのです。

科学の伝記

よぼうせっしゅへの　道を　ひらいた　科学者
パスツール
（一八二二年～一八九五年）

パスツールは　今から　二百年ほど　前の　一八二二年、フランスの　ドールと　いう　町で、どうぶつの　かわを　あつかう　しょくにんの　子として　生まれました。

子どもの ころの パスツールは、おとなしくて ごく ふつうの 少年でした。しょうらいの ゆめは 絵かきに なる ことで、一人で 絵を かいて 楽しんでいました。

高校に 入ると、高校の 先生は、パスツールが ものごとを すじみち立てて 考える ことが でき、とても ねばり強い ことに 注目しました。そして「科学の けんきゅうに むいているのでは。」と 考えました。そこで、先生は パスツールの 両親に 上の 学校に 行かせるよう すすめたのです。

　こうして　パスツールは、フランス中から
ゆうしゅうな　学生が　あつまる　学校に　入って
科学を　学びました。この　学校での　パスツールは、
とくに　目立った　ところも　なく、せいせきも
ふつうより　少し　上くらいだった　そうです。
　そして　大学の　先生に　なるための　学校に
すすみました。そつぎょうして　大学の　先生に　なった
パスツールは、勉強を　教えるより　じっけんを　する
ことに　むちゅうに　なっていきました。そして、
のちに　科学者の　道を　歩みはじめるのです。

三十三さいの とき、パスツールの
うんめいを かえる できごとが
おこりました。お酒を つくる
会社の 社長から、
「ワインの できかたに
ついて しらべてほしい。」と
いう たのみを うけたのです。
ワインには お酒の もとに
なる エタノール
（エチルアルコールともいう）が

ふくまれています。エタノールには　お酒を
のんだ　人を　よわせる　はたらきが　あります。

パスツールは　さっそく、けんきゅうに
とりかかりました。そして、あまさの
もとで　ある　「糖分」を　食べた
「さいきん」が、エタノールを
つくり出すと　いう　ことを
つきとめたのです。

さいきんとは、けんびきょうで
なければ　見る　ことの　できない、

とても　小さな　生き物の　ことです。
エタノールを　つくり出しているのは、「こうぼきん」という　さいきんでした。
パスツールは、「こうぼきんが　エタノールを　つくるのに　かかわっているならば、ほかの　さいきんは　何と　かかわりが　あるのだろう。」と　考えました。
そうして　けんきゅうを　はじめ、病気の　げんいんは　さいきんでは　ないかと　考えついたのです。

こうして、パスツールの　けんきゅうから、二つの
大きな　ことが　わかりました。
一つめは、「さいきん説」と　いう　考え方です。
これは、病気の　中には、さいきんが　からだの　中に
入った　ために　おこる　ものが　ある、とする
考えです。
パスツールが　考えた　この説に　もとづいて、
さまざまな　科学者が、さいきんと　病気の　かんけいを
ときあかすため、けんきゅうに　とりくみました。
そして、ドイツの　科学者　ロベルト・コッホが、

「けっかくきん」を
見つけたのです。このころ
けっかくは、　かかると
かならず　しぬ　おそろしい
病気でした。そのため、
げんいんと　なる　さいきんを
つきとめた　ことは、医学の
れきしに　のこる　できごと
でした。
二つめは、「よぼうせっしゅ」への　道を　ひらいた

コッホが　けっかくきんを　見つけた。

ことです。これは、力を　弱めた　さいきんを
人の　からだに　わざと　入れ、その
病気に　かかりにくくする　ことです。
冬に　なると　行われる
インフルエンザの　よぼうせっしゅを
思いうかべる　人も　いる　でしょう。
なぜ、こんなことを　するのでしょうか。
じつは、病気の　中には　「一度
かかると　二度と　かからない
病気」が　あります。これは、病気に　なった

あと、人の からだの 中に この 病気を おこした
さいきんを やっつける 力が 生まれる ためです。
この 力を つかって 病気を ふせぐのが
よぼうせっしゅです。よぼうせっしゅは パスツールの
けんきゅうから 生まれたものです。
パスツールは このほかにも、イヌに かまれた
ことで おこる 「狂犬病」に きく くすりの
発明にも せいこうしました。
こうして、パスツールは、せかいで 有名な 科学者と
なったのです。

科学のびっくり

からだの びっくり 大集合！

からだに ついて、びっくりする ことを あつめました。

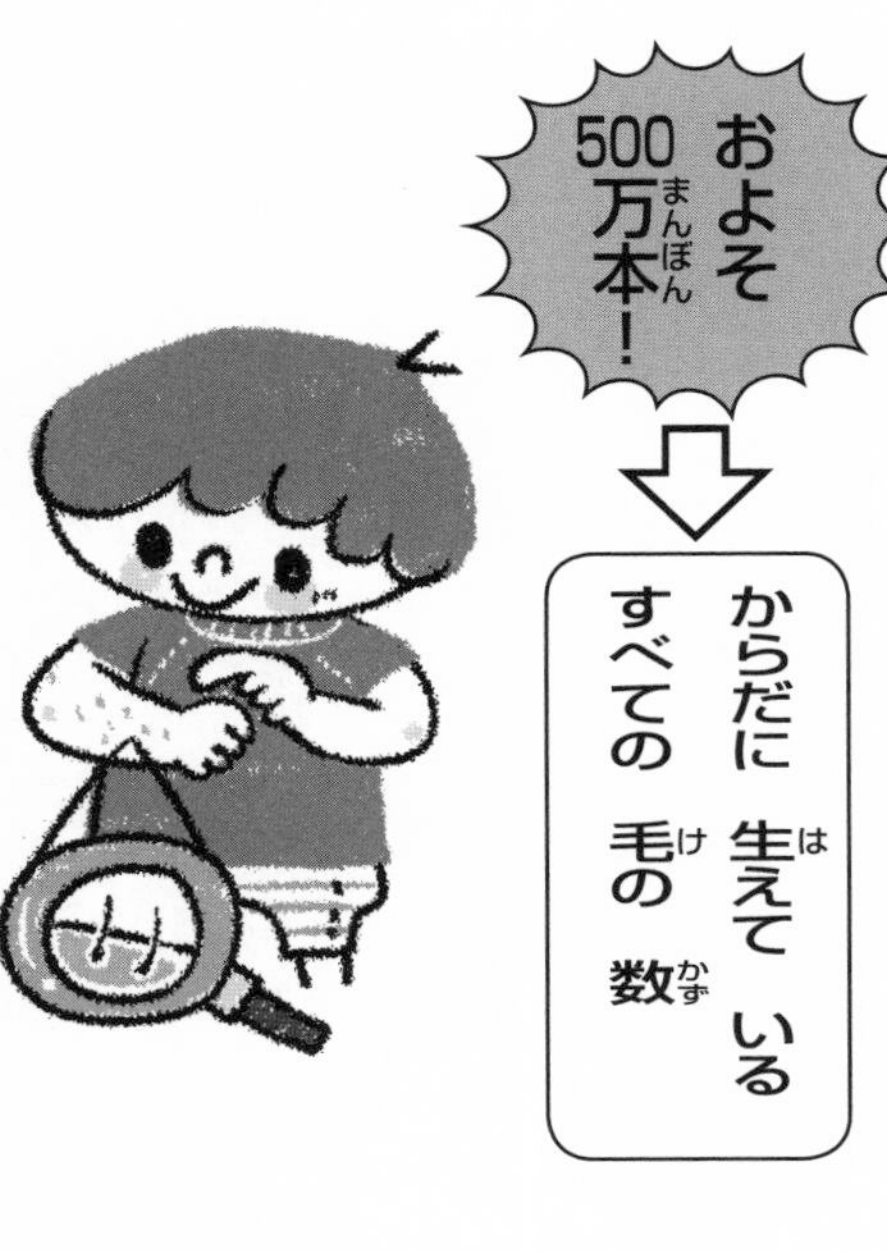

ほかの ほにゅうるいと くらべて、人の からだには 毛が 少ないように 見えます。けれども、よく 見ると、手のひらや 足の うら、くちびるなどを のぞいて、からだ中に 毛が 生えています。すべての 毛を 合わせると、およそ500万本に なるそうです。

牛にゅうパック1本分より 多い！

胃の 中に 入る りょう

胃は、空の ときは しぼんでいて、食べ物が 入ると、ふくらみます。そして、食べた ものを「消化」すると もとの 大きさに もどります。おとなの 胃の 中には 食べ物が、牛にゅうパック 1本分（やく1リットル）より 多く 入ります。

大きな ペットボトル 1本分！

1日に 出る だえき（つば）の りょう

だえき（つば）は、口の 中を きれいに したり、食べ物を のみこみやすく したり する ために いつも 出ています。1日の だえきの りょうは、おとなで、牛にゅうパック 1本分から 大きい ペットボトル 1本分くらいも 出ています。

ちょこっと

からだの　なぜ？　どうして？

からだに　ついて、ふしぎな　ことを　もっと　見てみましょう。

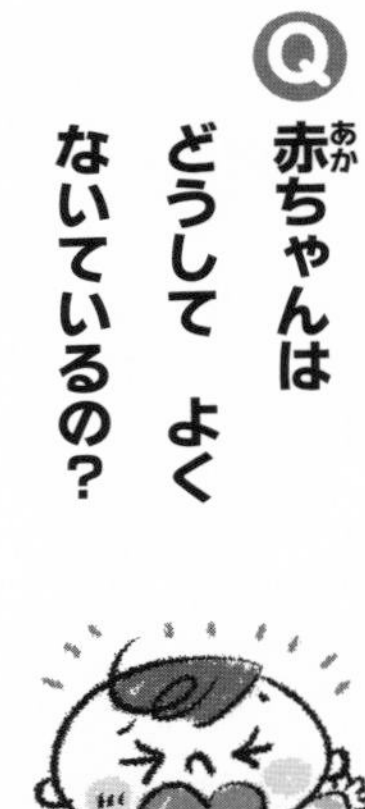

Q　赤ちゃんは　どうして　よく　ないているの？

A　赤ちゃんは　ことばを　話せません。おなかが　すいた　とき、おしっこを　した　とき、ねむい　ときなどに、ないて　まわりの　人に　知らせるのです。

Q　くちびるは　なぜ　赤いの？

A　くちびるは、口の　中の　「ねんまく」と　いう　もので　できています。うすくて、ほとんど　色も　ついていないので、血の　赤い　色が　すけて　見えているのです。

Q 朝と 夜では せの 高さは かわるの？

A 人は 日中 立って すごすので、自分の 体重や、地球が ものを 引っぱる 力に よって、ほねと ほねの 間などが 少しずつ ちぢみます。このため、1日の うちでは、朝より 夜の ほうが せが ひくいのです。でも、一ばん ねむれば もとに もどるので、心配 いりません。

1～2センチメートルほど ちがう。

Q なぜ 野菜を 食べなければ ならないの？

A 元気に くらす ためには、魚や 肉などに かたよらずに、野菜も 食べる ことが 大切です。野菜には、ほねを つくる もとや、からだの 調子を ととのえる もと などが たくさん ふくまれています。野菜が きらいな 子が 多いので、とくに「食べなさい」と 言われるのでしょう。

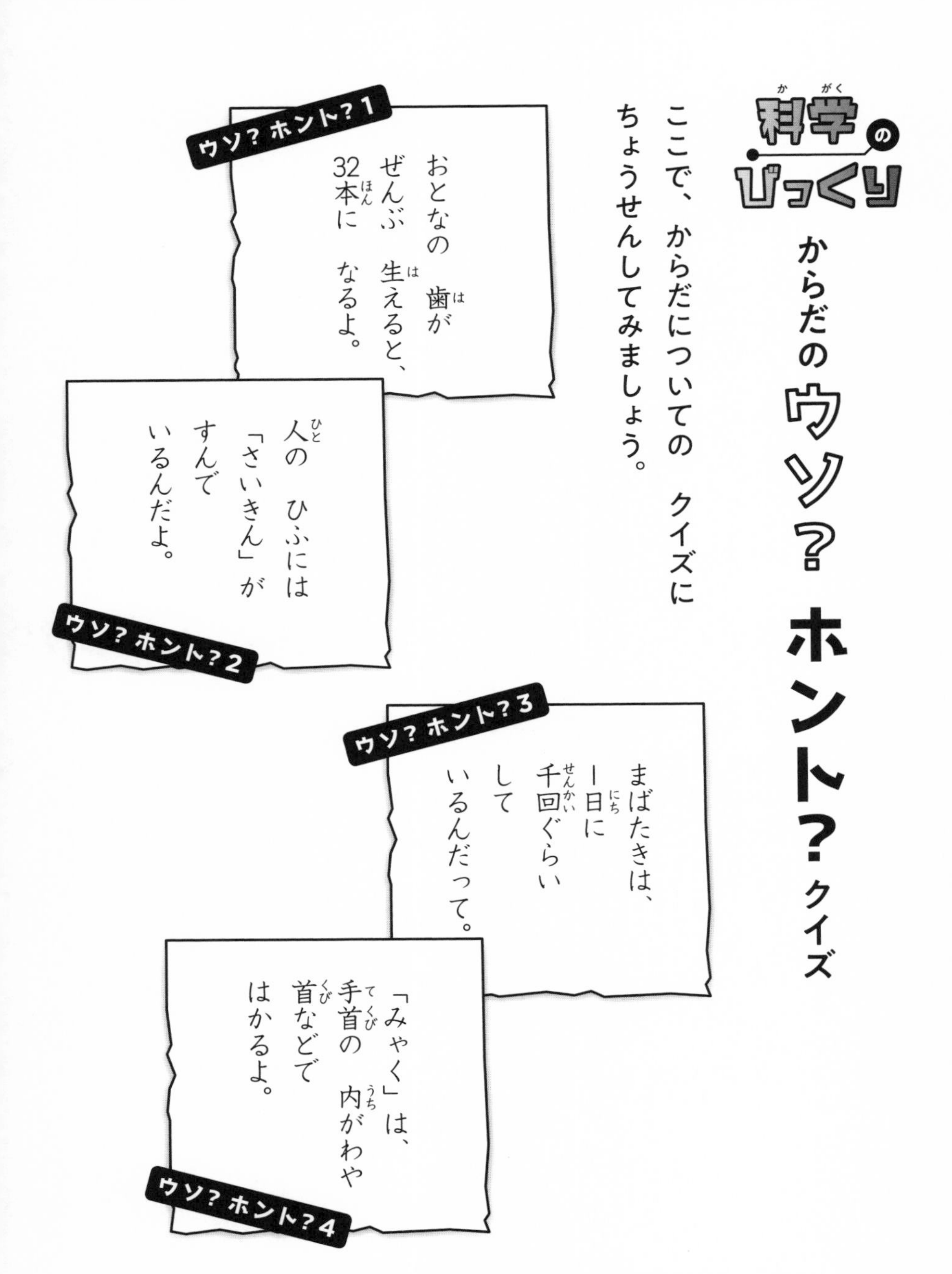

こたえ　①ホント　②ホント（よい　はたらきを　する　さいきんも　いる）
③ウソ（まばたきは　1日　およそ　2000回）　④ホント

生(い)き物(もの)の　お話(はなし)❶

イヌは　どうして　地面を　ひっかくの？

イヌは　いろいろな　ときに、地面を　ひっかいて、あなを　ほるような　しぐさを　します。むちゅうで　あそんでいるようにも　見えます。

赤ちゃんが　生まれそうな　お母さんイヌは、家の　中に　いても、へやの　すみなどを

ひっかきます。また、おす、めすに かかわらず、えさを 食べのこした あと、地面を ひっかく ことも あります。

ほかにも、うんちを した ときは、後ろあしで 地面を ひっかくような しぐさを します。おうちに イヌが いる 人ならば、見た ことが あるかもしれませんね。何を しているのか ふしぎに 思った 人も いるでしょう。

でも、イヌは あそんでいる わけでは ありません。地面を ひっかくのは、むかしの、人間に かわれる前のなごりです。

人間とくらしはじめる前、イヌにとってあなをほることは、大切なしごとでした。

たとえば、ねるとき、イヌたちはほった地面に入ってねむりました。

「す」をつくることも同じです。

赤ちゃんが生まれるときが近づくと、お母さんイヌは地面をほってすをつくり、そこで赤ちゃんを生んで、そだてました。

また、食べのこした えさを あとで 食べるため、土を ほって うめる ことも ありました。

うんちを した あと、後ろあしで 地面を ひっかくのは、自分の においを 地面に のこすための しぐさと 考えられています。

人間に かわれるように なって、イヌの くらしは かなり かわりましたが、むちゅうに なった ときや、赤ちゃんを 生む ときなど、いろいろな ときに、むかしの くせが よみがえるのです。

ネコは　どうして　さむがりなの？

「雪や　こんこ、あられや　こんこ」で　はじまる『雪』と　いう　歌を　知っていますか。二番の　歌の　最後は　「ネコは　こたつで　丸くなる」と　歌っています。なんだか、ネコは　とても　さむがりのように　思えますね。

ネコは もともと アフリカの 北の さばくの 地方で 生まれ、せかいに 広がった 生き物です。先ぞが あたたかい ところで くらしていたため、今でも 多くの ネコは さむいのが きらいです。

ですから、ネコは、さむい ときは さむく なくなる 方法を 考えます。

こたつに 入るのは もちろん、人の ひざの 上に のって くる ことも ありますし、ストーブの 前に ねそべる ことも あります。

ネコが 丸く なるのも、さむく なくなる 方法の一つなのです。頭と　あし、しっぽを　くっつけて、ねつが　外に　にげて　体温が　下がるのを　ふせいでいるのです。

　このように、ネコは　あたたかくなる　ために　ちえをしぼるので、さむい　ところで　ふるえている　ことはありません。

　もし、ネコが　さむがって　ふるえているように見えたら、具合が　わるいのかもしれません。かっている　ネコなら、すぐ　どうぶつびょういんにつれていきましょう。

サルは どうして 木のぼりが 上手なの？

サルは 木のぼりが とても とくいです。どんな 木でも するすると、おどろくほどの はやさで のぼってしまいます。

どうして そんなことが できるのでしょう。じつは、サルの からだに ひみつが あるのです。

まずは　前(まえ)あしを　見(み)てみましょう。サルの
前(まえ)あしは、人間(にんげん)の　手(て)の　形(かたち)に　よく　にています。
ですから、人間(にんげん)と　同(おな)じように、つかんだり、
ひっかけたり　して、いろいろな
ことに　つかう　ことが　できます。
前(まえ)あしが　器用(きよう)なため、
木(き)の　えだに　つかまったり、
木(き)の　でっぱりに　前(まえ)あしを
ひっかけたり　する　ことが、
かんたんに　できます。

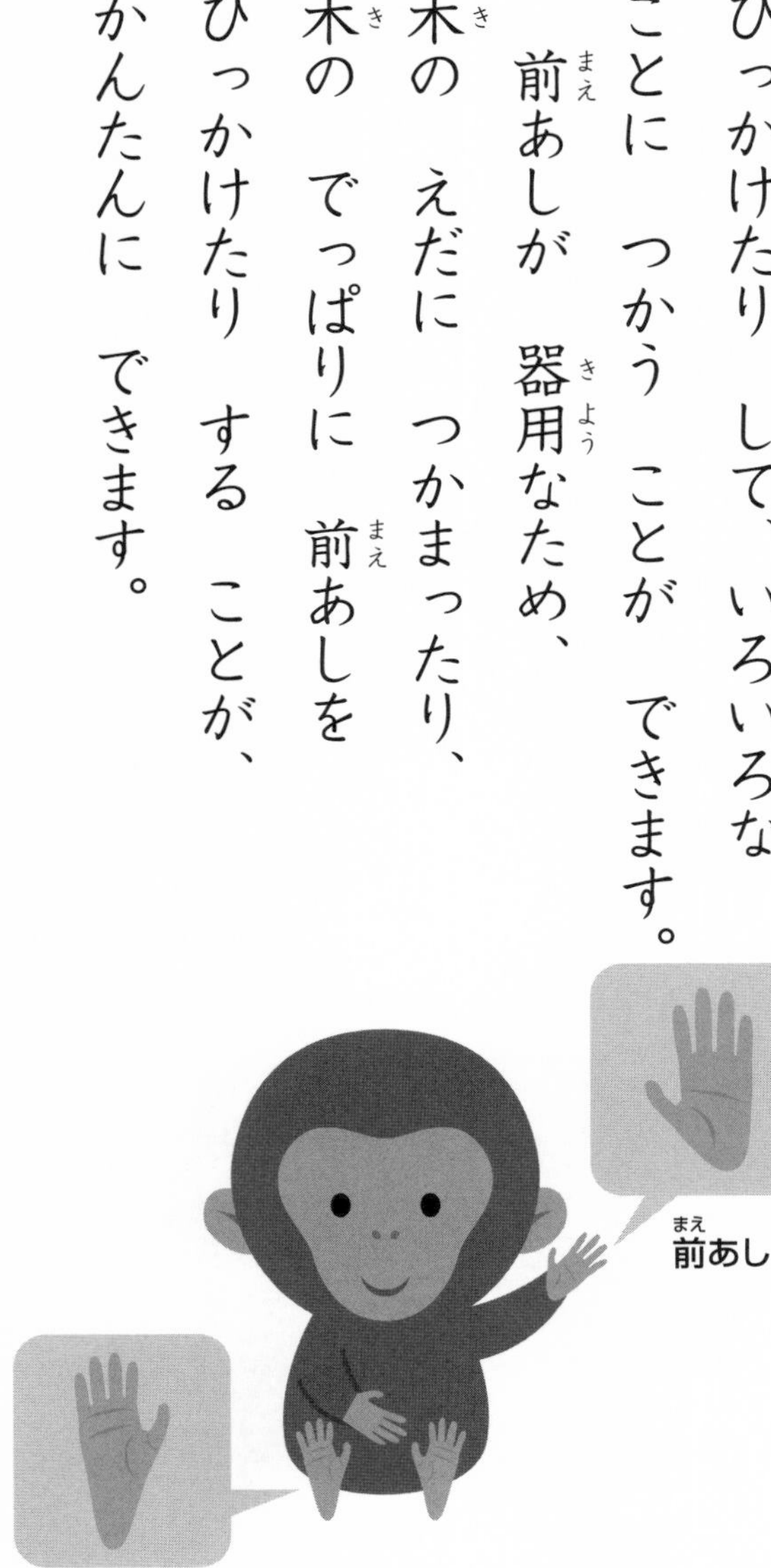

つぎは　後ろあしを　見てみましょう。サルの
後ろあしは　おやゆびと　人さしゆびが、大きく
ひらくように　なって　います。しかも、ひらいたり、
とじたり　できるように　なって　います。

このため　サルは、後ろあしでも　おやゆびと
人さしゆびを　つかい、木の　でっぱりや、えだを
つかむ　ことが　できるのです。

サルが　木のぼり上手なのは、前あしと　後ろあしの
両方を　つかって、木や　えだに　つかまる　ことが
できるから　なのです。

ゾウの　耳(みみ)は、どうして　大(おお)きいの？

どうぶつえんなどで、本物(ほんもの)の　ゾウを見(み)た　ことの　ある人(ひと)も　多(おお)いでしょう。長(なが)い　鼻(はな)が目立(めだ)ちますが、耳(みみ)も　とても　大(おお)きいですね。どうして　ゾウの　耳(みみ)は　あんなに大(おお)きいのでしょうか。

ゾウは、音を 聞くため だけでは なく、からだを ひやすためにも、耳を つかっています。

ゾウは 「ねったい」と いう とても あつい ところに すむ どうぶつです。アフリカ大陸に すむ アフリカゾウと、アジアに すむ アジアゾウなどが います。アフリカゾウの 場合、だいたい 気温が 二十七度より 上がると 耳を うごかしはじめ、三十二度を こえると 耳を ばたばたと うごかします。

でも、耳で からだを あおいでいる わけでは ありません。ひみつは 耳の 中に あります。

ゾウの　耳の　中には、細かい　血管が
びっしりと　はりめぐらされています。耳を
ばたばたと　うごかし、風を　おこすことで、耳の　中を
ながれる　血を　ひやしているのです。
耳を　うごかすたびに　血が　ひやされ、ひえた
血が　からだの　中を　めぐって、ぜんしんを　ひやして
くれると　いう　わけです。
人間の　場合、あつい　ときには　あせを　かいて、
からだを　ひやします。すると、のどが　かわくので
水を　のみます。

けれども、ゾウが
すんでいる ところでは、
雨が 少ない きせつが
あって、いつでも 水が
のめるわけでは ありません。
水が 少ない ときでも
生きていけるように、
ゾウは 耳を
つかって からだを
ひやしています。

こうして　大きな　からだを　ひやすために、耳も大きく　なったのです。

ところで、アフリカゾウと　アジアゾウの　耳の大きさを　くらべてみると、アフリカゾウの　ほうが大きい　耳を　もっています。この　ちがいは、すんでいる　場所の　せいです。アジアゾウは、森の中で　くらしていますが、アフリカゾウは、草ばかりで日かげの　少ない　ところに　すんでいます。それで、アフリカゾウの　耳は、あんなに　大きく　なったのです。

チータは どうして はやく 走(はし)れるの？

アフリカ大陸(たいりく)には、「サバンナ」と
よばれる ところが あります。
雨(あめ)の ふらない きせつには
からからに かわいて、とても
あつい ところです。

チータは　サバンナに　すむ　ネコの　仲間の
どうぶつです。草を　食べる　どうぶつを　とらえて
食べています。

チータは　りくに　すむ　どうぶつの　中で、一番
あしの　はやい　ことで　知られています。もっとも
はやい　ときには、百メートルを　三、四びょうで　走り
ぬけてしまいます。

どうして、こんなに　はやく　走る　ことが
できるのでしょう。

チータは　頭が　小さく、どうが　細長く、あしも

細い かっこうを しています。ですから、走る ときに
空気に よる じゃまを あまり うけません。
筋肉は 強くて しなやかで、せなかの 骨も、
やわらかくて よく まがります。ですから、
ぜんしんを バネのように、
のびちぢみさせて 走る
ことが できます。
さらに、チータには
するどくて じょうぶな
つめが あります。

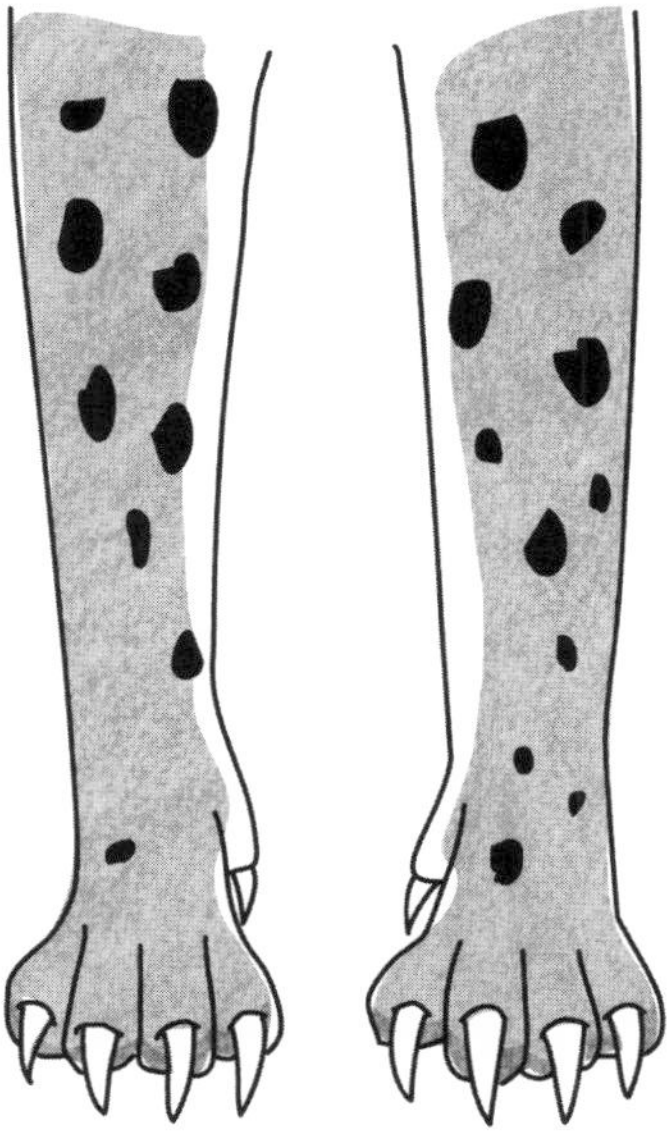

ネコの　仲間の　どうぶつは　ふつう、つめを
あしの　中に　しまっています。これは、音を　たてずに
えものに　近づく　ためです。

でも、チータの　場合は、はやく　走る　ことで
えものに　近づくので、つめを　出したまま　走ります。

それから、チータは　出した　つめを、地面に
つきさして　走る　ことが　できます。つめが
ささる　ことで　すべらずに、地面を　ける　力が
むだに　なりません。ですから、地面を　けるごとに
はやさが　ましていきます。

チータの つめは、野球や
サッカーの 選手の くつの
うらに ついている ギザギザの
「スパイク」と 同じような
役目を しているのです。
チータが はやく
走れるのは、からだが はやく
走れるように できているから
なのです。

ブタの　鼻は　どうして　つぶれているの？

ブタの　鼻は　前に　つき出て、つぶれた　形を
していますね。どうしてでしょうか。じつは　ブタの
先ぞが、イノシシだからです。
山や　森で　生きている　イノシシは、大きく
つき出た　鼻で　地面の　においを　かいで、土の　下に

郵便はがき

料金受取人払郵便

大崎局承認

8869

差出有効期間
令和4年7月6日
まで（切手不要）

141-8790

102

東京都大崎郵便局
私書箱第67号

㈱学研プラス
小中学生事業部
図鑑・辞典編集室
「なぜ？どうして？
科学のぎもん」係
行

●アンケートのお願い
裏面のアンケートにご記入の上、投函してください。下は、必ずしもご記入いただかなくてもけっこうです。

●ご住所　〒□□□-□□□□

（都・道・府・県）

●お電話番号　（　　　）

●ご購入された方のお名前

●お読みいただいた方のお名前

◆お寄せいただいた個人情報に関するお問い合わせは（株）学研プラス　小中学生事業部図鑑・辞典編集室（電話03-6431-1617）までお願いいたします。当社の個人情報保護については当社ホームページ https://www.gakken-plus.co.jp/privacypolicy/ をご覧ください。

※今後の企画の参考のため、アンケートにご協力をお願いします。

a. お読みいただいた方の学年・性別を教えていただけますか？

小学（　　　）年生　　　男・女・回答しない

b. この本をお求めいただいた理由は何ですか？　※あてはまるもの４つまで

1. 内容がおもしろそう　2. 表紙が楽しそう　3. 短くて簡単に読めそう
4. 勉強に役立ちそう　5. 学習指導要領に対応しているから
6. 学校の朝の読書用として　7. 広告やチラシを見て　8. 学年別だから
9. 巻頭のカラーページ「科学のなぜ?」があるから
10. 値段が手ごろ　11. お話がたくさん入っている　12. さし絵が多い
13. プレゼントでもらった　14. 人にすすめられて　15. このシリーズが好きで
16. その他 [　　　　　　　　　　　　]

c. この本を選んだのは、どなたですか？

1. お子さまご本人　2. 母　3. 父　4. 祖父母　5. その他（　　　　　）

d. この本の感想について、あてはまるものに○をつけてください。

1. 内容は?　（ア. おもしろい　イ. ふつう　ウ. おもしろくない）
2. レベルは?　（ア. やさしい　イ. ちょうどよい　ウ. むずかしい）
3. お話の数は?（ア. 多い　イ. ちょうどよい　ウ. 少ない）
4. おもしろかったお話は?　（ページ番号をお書きください）
（　　　　）（　　　　）（　　　　）
5. つまらなかったお話は?（ページ番号をお書きください）
（　　　　）（　　　　）（　　　　）
6. さし絵がよかったお話は?（ページ番号をお書きください）
（　　　　）（　　　　）（　　　　）

e. よみとく10分シリーズで、ほかにお持ちの本がありましたら、そのタイトルをお書きください。

[　　　　　　　　　　　　]

f. このシリーズ以外で、最近お子様が好きな本のタイトルをお書きください。

※何冊でもどうぞ

[　　　　　　　　　　　　]

g. 今後どんなテーマのお話が読みたいですか？　ご自由にお書きください。

『なぜ? どうして? 科学のぎもん２年生』　　ご協力ありがとうございました。

いる 虫や ミミズ、イモ、
草の ねっこなどを
さがします。
食べられそうな ものを
見つけると、鼻で 土を
ほって、食べるのです。
イノシシの お肉は
とても おいしいので、
大むかしから、人間は
食べる ために イノシシを

つかまえていました。

しかし、イノシシは　せいかくが　あらいので、かう　ことには　あまり　むきません。そこで、人間は　ちえを　しぼり、イノシシを　かう　ために「かいりょう」*を　はじめました。

何度も　かいりょうを　かさねた　ことに　より、せいかくが　おとなしく、子どもを　たくさん　生む、ブタが　できあがったのです。

ブタの　鼻が　おもしろい　形なのは、イノシシの鼻の　形が　のこっているからです。

＊かいりょう…よくする　ために、工夫する　こと。

リスが かたい 木の 実を 食べられるのは なぜ？

リスは ネズミの 仲間で、森や 林に すんでいます。せかいで およそ 二百五十もの しゅるいが います。とにかく くいしんぼうで、小さな 虫、草の 実、クルミなどの 木の 実、そのほか 食べられる ものなら 何でも 食べます。

ところで、さわった　ことの
ある　人は　わかると　思いますが、
クルミなど　木の　実の　からは
本当に　かたい　ものです。人が
クルミなどの　からを　わる
ときは、かなづちか　大きな
石で　たたくしか　ありません。
でも、リスは　歯で　上手に
からを　わり、中の　実を
食べてしまいます。

リスの 歯は するどく とがっていて、かたいものを かじりやすい 形を しています。
歯が おれたり、すれて 小さく なったり しないのかと 思いますが、リスの 歯は 生きている 間、ずっと のびつづけるので、だいじょうぶです。
リスのように するどく、のびつづける 歯を もつ 生き物は 「げっ歯るい」と よばれます。

科学のびっくり

どうぶつ いちばん 大集合！

どうぶつに　ついての　さまざまな　いちばんを　あつめました。

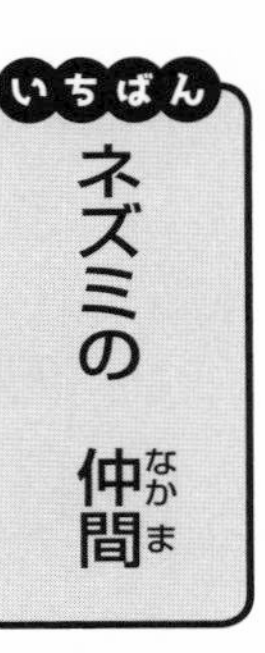

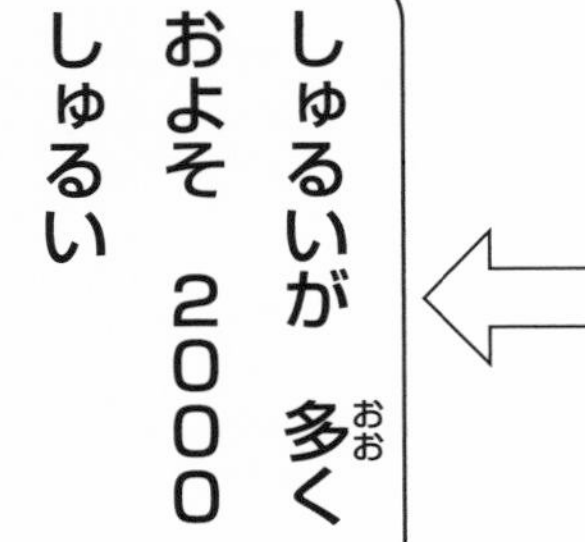

おちちで　子どもを　そだてる
「ほにゅうるい」の　すべての
しゅるいの　うち、およそ　半分が
ネズミの　仲間です。ネズミの
仲間には、リスや　ハムスター、
ビーバー、ムササビなどが　います。
ほうっておくと、歯が
のびつづけるのが、とくちょうです。

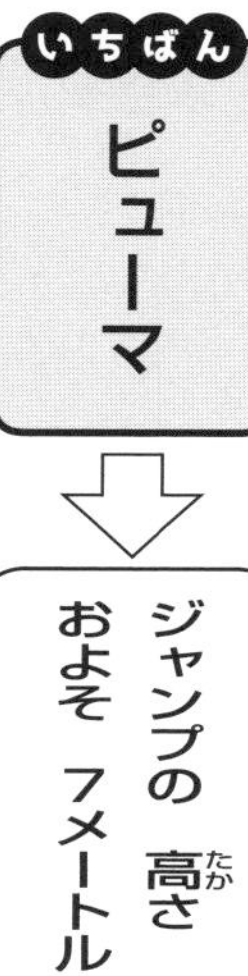

ピューマは、アメリカ大陸に すむ ネコの 仲間の どうぶつです。7メートルの 高さまで とんだ 記録が あります。木の 上の リスも、ジャンプして つかまえます。

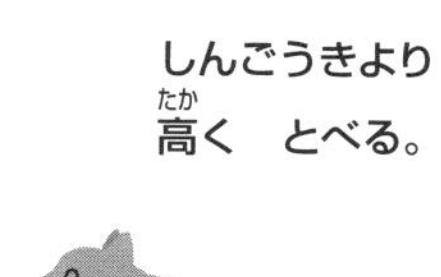

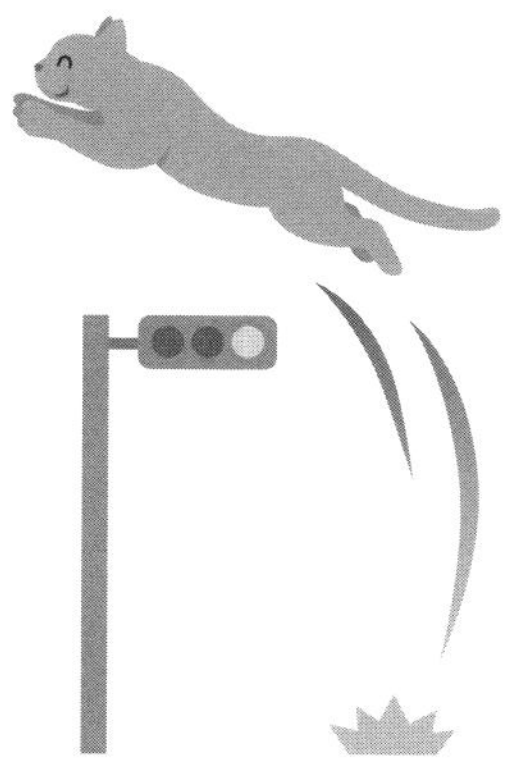

いちばん

マッコウクジラ

水に もぐる ふかさ およそ 3200メートル

マッコウクジラは、海の ふかい ところに すむ イカの 仲間などを 食べます。いきを 止めて、1時間で、およそ 3200メートルの ふかさまで もぐるのです。

3776メートル

富士山の 高さくらいの ふかさ。

およそ 3200メートル

科学のびっくり

生き物の　なぜ？　どうして？　ちょこっと①

生き物に　ついての　小さな　ぎもんに　こたえます。

Q　カバは　水に　もぐる　とき、どうやって　鼻を　ふさぐの？

りくの　上

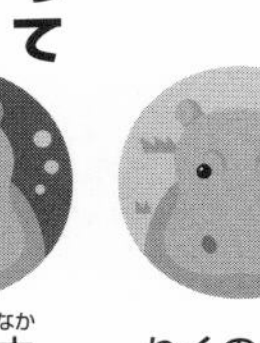
水の　中

A　カバは　5分ほど　水に　もぐる　ことが　できます。水の　中では、鼻の　内がわの　筋肉を　つかい、自分で　鼻の　あなを　とじます。

Q　コウモリは　なぜ　さかさまに　とまるの？

A　コウモリは、空を　とぶために、鳥のように　からだが　かるく　なっています。それで　あしも　細く　なったため、2本の　あしで　立てなく　なったと　考えられています。

Q どうして どうぶつは なわばりを つくるの？

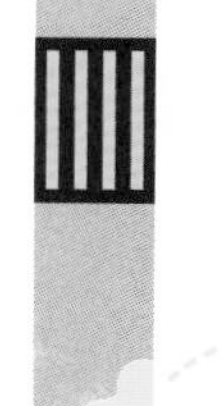

イヌは　おしっこで
なわばりを　知らせる。

A なわばりは、食べ物や　子どもを生む　場所、生んだ　子どもをまもるために　あります。ですから、なわばりを　あらそうのは、同じどうぶつ同士です。どうぶつによって　ちがいは　ありますが、鳴き声や　においなどを　つかって、自分の　なわばりを　知らせます。

Q ゾウの うんちから 紙が つくれるの？

A ゾウの　食べ物は、ワラや　草、竹などです。うんちは　えいようをからだの　中に　とりこんだ　あとののこりかすで、ゾウの　うんちには、ワラなど　しょくぶつの「せんい」が、たくさん　あります。紙は　しょくぶつの　せんいで　できているので、ゾウの　うんちから　紙ができるのです。

科学のびっくり

生き物のウソ？ホント？クイズ①

生き物に ついての クイズに ちょうせん！ ぜんぶ わかりますか。

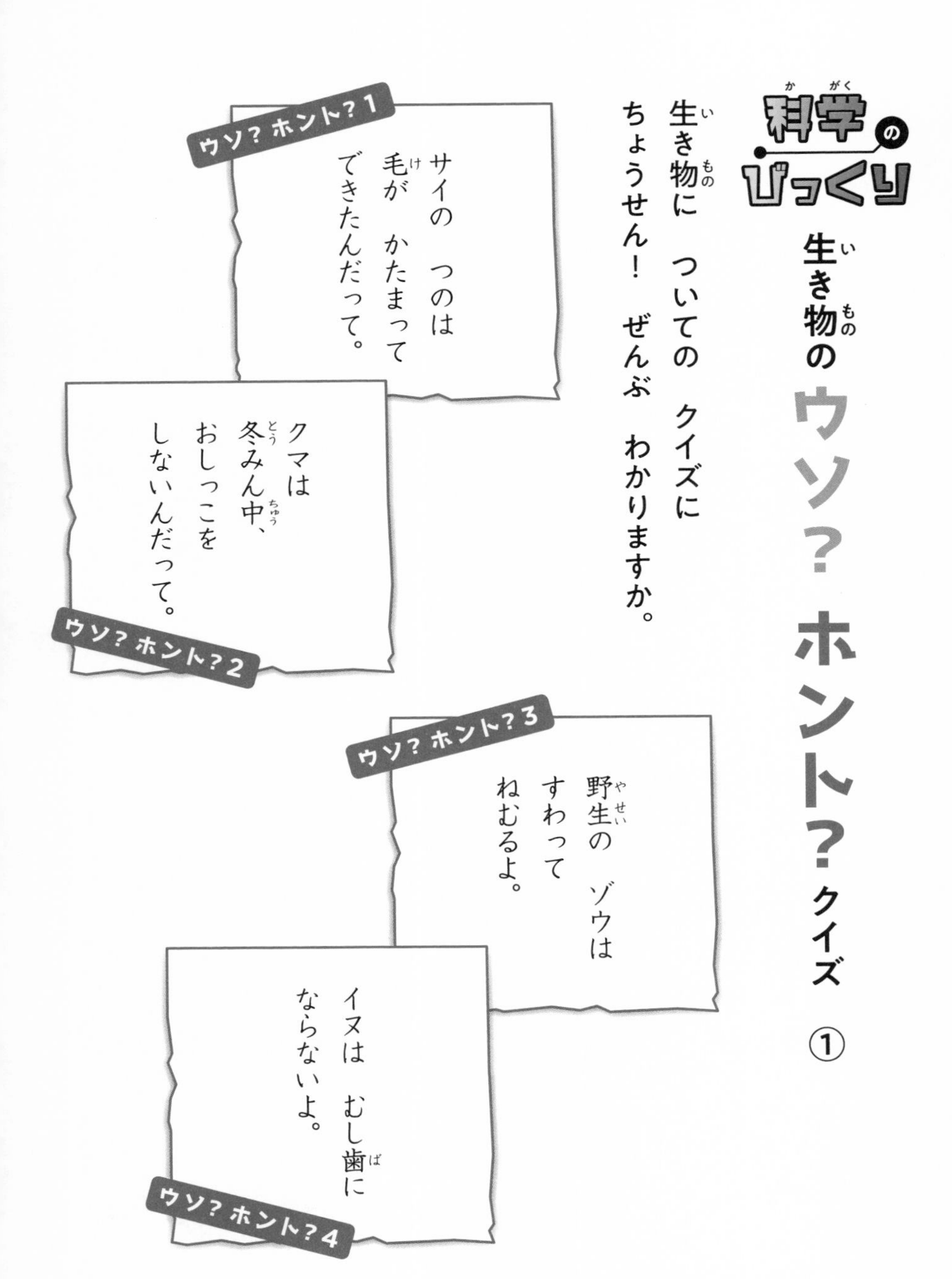

ウソ？ホント？1

サイの つのは 毛が かたまって できたんだって。

ウソ？ホント？2

クマは 冬みん中、おしっこを しないんだって。

ウソ？ホント？3

野生の ゾウは すわって ねむるよ。

ウソ？ホント？4

イヌは むし歯に ならないよ。

こたえ ①ホント ②ホント ③ウソ（立ったまま ねむる） ④ウソ（むし歯に ならにくいだけ）

生き物の　お話❷

どうして　ニワトリは　朝早く　鳴くの？

ニワトリは、肉や　たまごが　食用に　なるため、
せかい中で　かわれています。
ニワトリの　おすは　夜明け前、うすぐらい　うちから
鳴きだすので、むかしから、夜明けを　教えてくれる
鳥と　されてきました。

たしかに 「コケコッコー」と 大きな 声で 鳴く
様子は、「もうすぐ お日さまが のぼるよ」と
教えてくれているように 見えますね。
　ニワトリが 朝早くから 鳴くのは、
光と かかわりが あると
いわれています。
　ニワトリの 目は、くらい
ところでは あまり 光を とらえる
ことが できません。このため 夜に
なると、目が 見えなく

なってしまいます。
　ふたたび　目が　見えるように　なるのは、夜明け前、うっすらと　明るく　なって　からです。
　このとき　ニワトリたちの　からだの　中で、うごきたくなる　もとが　出ます。すると、ニワトリのおすは　鳴きだし、めすたちは　たまごを　生みはじめるのです。
　ニワトリが　朝早く　鳴くのは　目が　見えるようになり、うごきだした　ことを　しめしているのです。

ヘビは どうして あしが ないのに すすめるの？

ヘビは 「はちゅうるい」と いう しゅるいの生き物です。南極と 北極を のぞく、すべてのところに います。りくで 生きる ものがほとんどですが、「海ヘビ」と いって、海の 中でくらす ものも います。

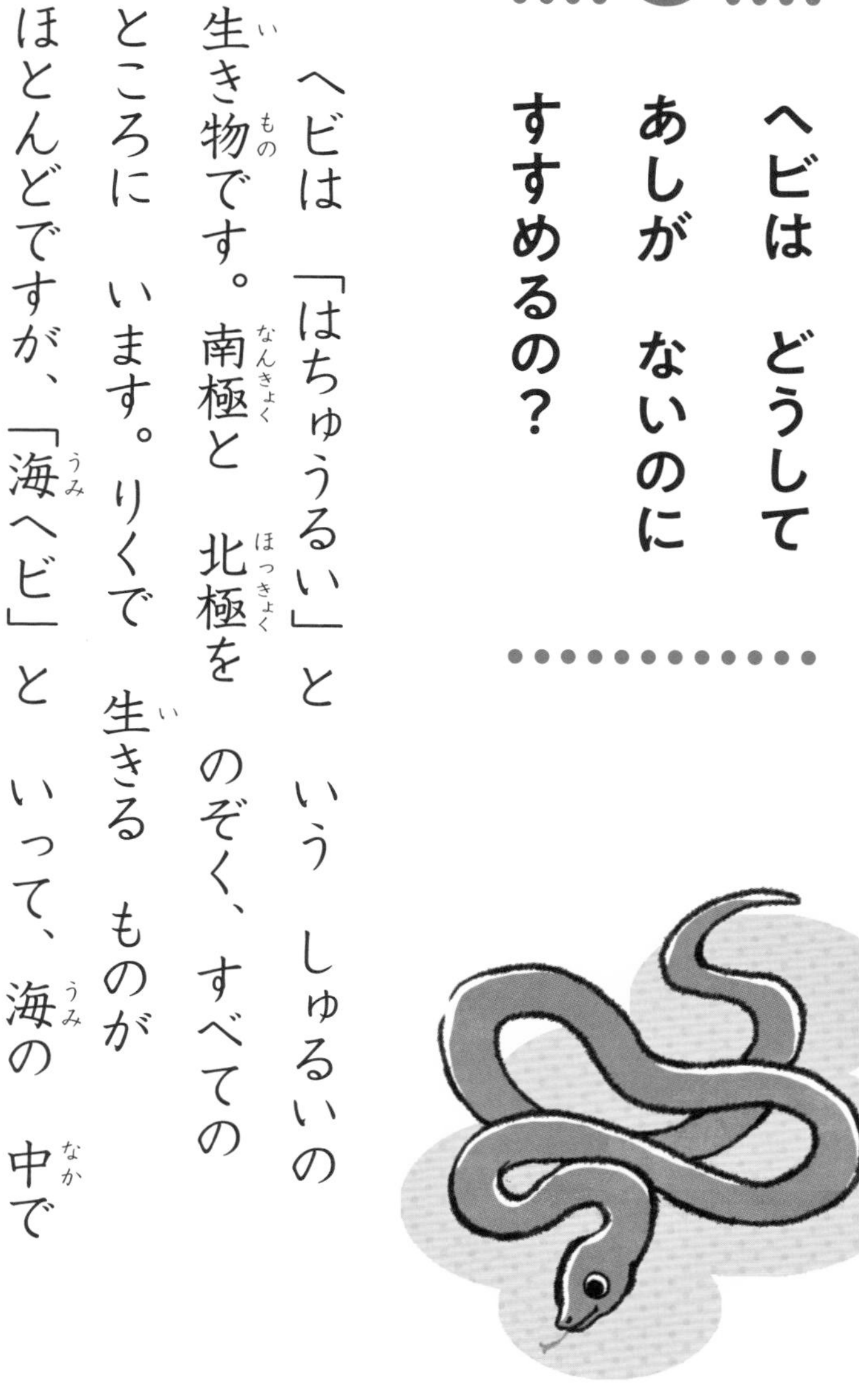

大きさも　さまざまです。十メートル　近くまで
そだつ　大きな　ヘビも　いれば、十センチメートル
ほどの　小さな　ヘビも　います。どの　ヘビも、
ほかの　どうぶつを　食べて　生きています。
ヘビは、見ると　わかるように、細長い　かっこうで
あしが　ありません。でも、すいすいと　前に
すすんでいきます。どうしてでしょう。じつは、
とても　うまく　からだを　つかっているのです。
ヘビの　からだで　あしの　かわりを　しているのは、
せぼねに　つながる　「ろっ骨」です。

ろっ骨を つかって 前に
すすみながら、ヘビは さらに
からだを 左右に、
ニョロニョロと くねらせます。
ろっ骨の うごきと くねりで、ヘビは
とても はやく すすむ ことが できます。
もともと 土の 中に すんでいた トカゲが、
ヘビに かわったと いわれています。
土の 中を なめらかに うごきまわるには、
あしが じゃまに なったのでしょう。

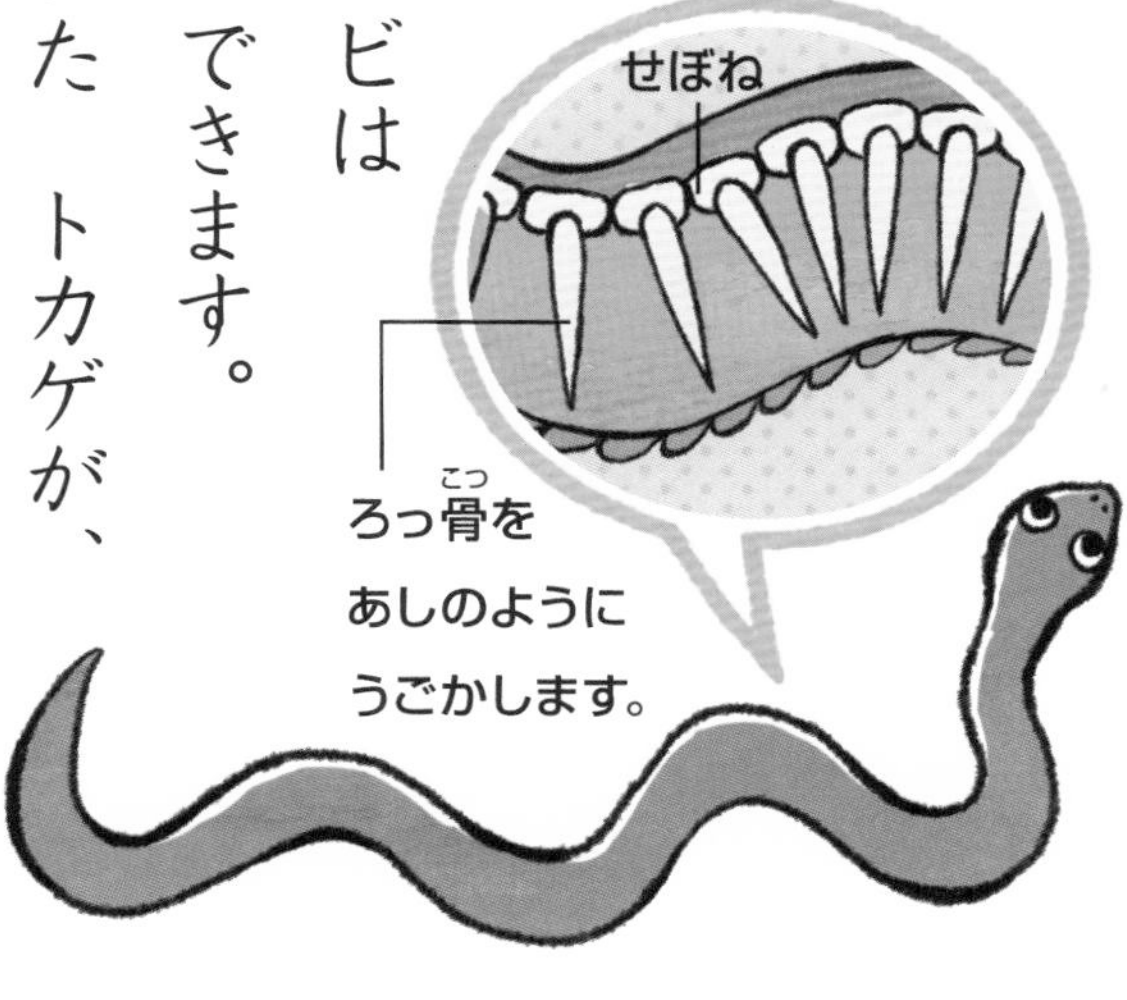

ハエは　どうして　どこにでも　とまれるの？

ブンブンと　音を　出しながら　とびまわる　ハエ。道に　おちている　イヌの　うんちに　とまっている　ことも　あります。

うるさくて、きたない　ものに　とまる　ハエは、人に　すかれる　虫では　ないようです。

ハエは　かべや　天じょうなど、どこにでも
とまる　ことが　できます。つるつると　した
まどガラスや　かがみだって、へっちゃらです。
どうして、とまる　ことが　できるのでしょう。
ひみつは　あしの　うらに　あります。ハエの
あしの　うらには、毛の　ついた「きゅうばん」が
あります。きゅうばんは、ハエが　ものに
すいつくための　道具です。
ハエの　きゅうばんからは、いつも　ネバネバした
えきが　出ています。

この　ネバネバで、まどガラスや　かがみなどにも、
とまる　ことが　できるのです。
ただし、きゅうばんの　えきの
ネバネバには、ごみも
たくさん　ついてしまいます。
そこで、ハエは　ひまさえあれば、
前（まえ）あしを　こすりあわせて、
きゅうばんに　ついた　ごみを
おとしているのです。

色の きれいな 魚が いるのは どうして？

魚の 中には 黄色や 赤、ピンク色など きれいで 明るい 色の 魚が います。水族館などで、見た ことの ある 人も いますね。

色の きれいな 魚は 多くが 「ねったい魚」です。色も きれいなら、もようも きれいです。

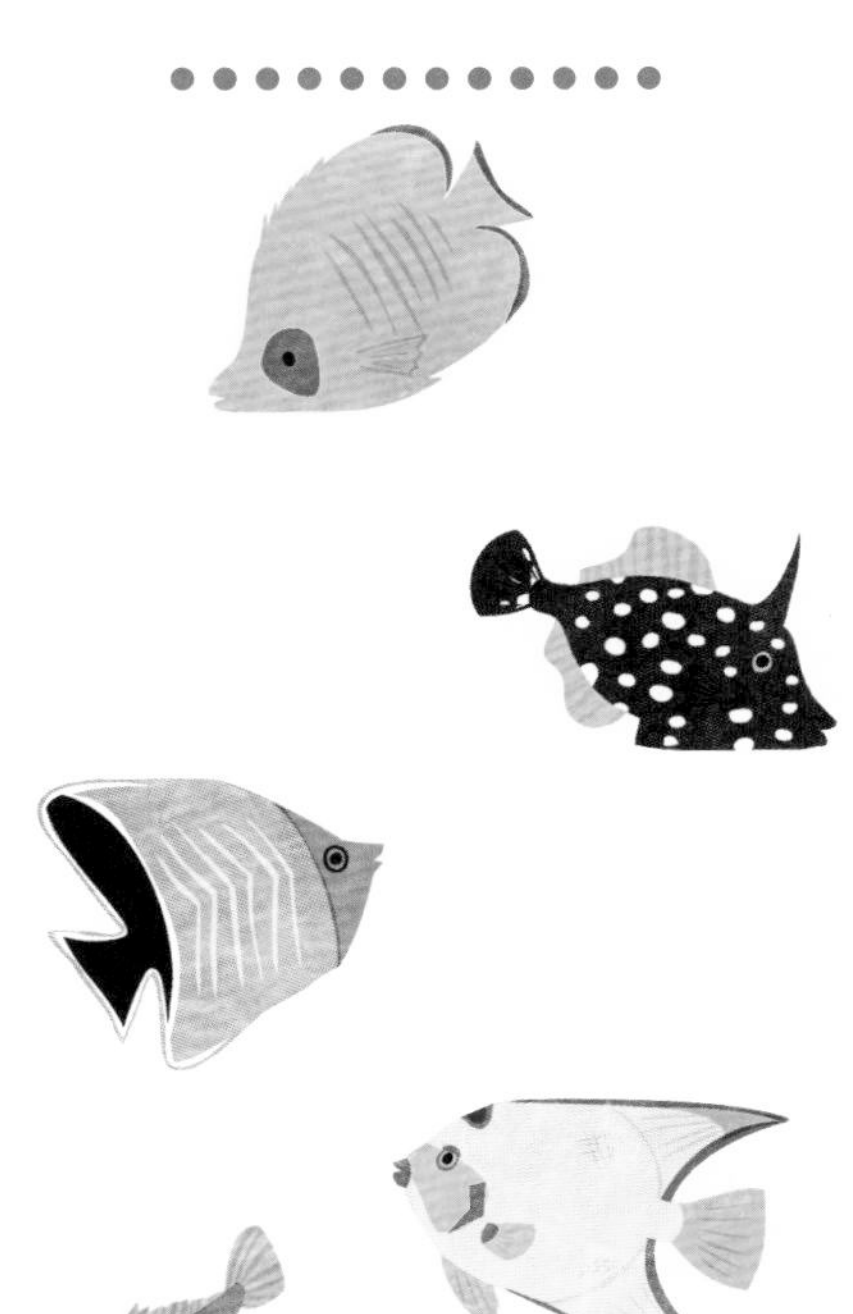

本当に　ほうせきが
およいでいるかの　ようです。
　ねったい魚たちが　すむのは、
あたたかい　海の
「さんごしょう」など　です。
さんごは　海に　すむ　生き物で、
この　さんごたちが　あつまって
できた　場所を　さんごしょうと
よびます。
　さんごは　赤、青、黄色など

さまざまな　色を　しているため、さんごしょうは
色とりどりで　とても　きれいです。
もし、きれいな　さんごしょうに、あまり　きれいで
ない　魚が　いたと　したら、どうなると　思いますか。
そう、目立ってしまいますね。自然の　せかいでは、
目立つ　ことは　てきに　見つかりやすい　ことに
つながってしまいます。
ねったい魚たちは　おしゃれだから、きれいなのでは
ありません。自分たちの　みを　まもるため、きれいな
色を　しているのです。

カレイや　ヒラメの目が、かたがわに　よっているのは　なぜ？

ふつうの　魚は、目が左右に　一つずつ　あります。ところが、カレイや　ヒラメといった　魚は　ちがいます。*カレイは　からだの　右がわに

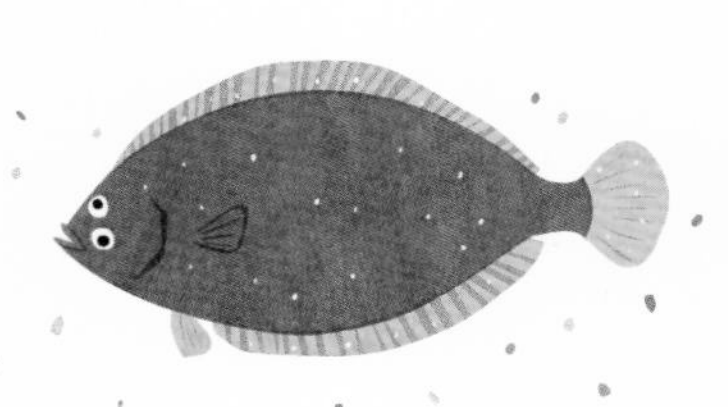

目が　二つで、左がわには　目が　ありません。
＊ヒラメは　からだの　左がわに　目が　二つあり、右がわには　目が　ありません。
目の　ない　ほうに　えさが　あったら　どうするのでしょうか。目の　ない　ほうから　てきが　きたら、食べられてしまうかも　しれません。心配になりますね。でも、だいじょうぶ。カレイや　ヒラメにとって、この　ほうが　べんりなのです。
カレイと　ヒラメは　海の　中を　あまりおよぎません。

＊ただし、目の　いちだけでは、カレイと　ヒラメを　せいかくに見分ける　ことは　できません。

海の　そこに　ある　すなの　中に、
からだを　かくして　くらしています。
　カレイは　目の　ない　左がわを
下にして　目の　ある　右がわを
上にし、すなに　もぐります。
　ヒラメは　目の　ない　右がわを
下にして　目の　ある　左がわを
上にし、すなに　もぐります。
　そして、両方の　魚とも、すなから
出した　二つの　目で、上や

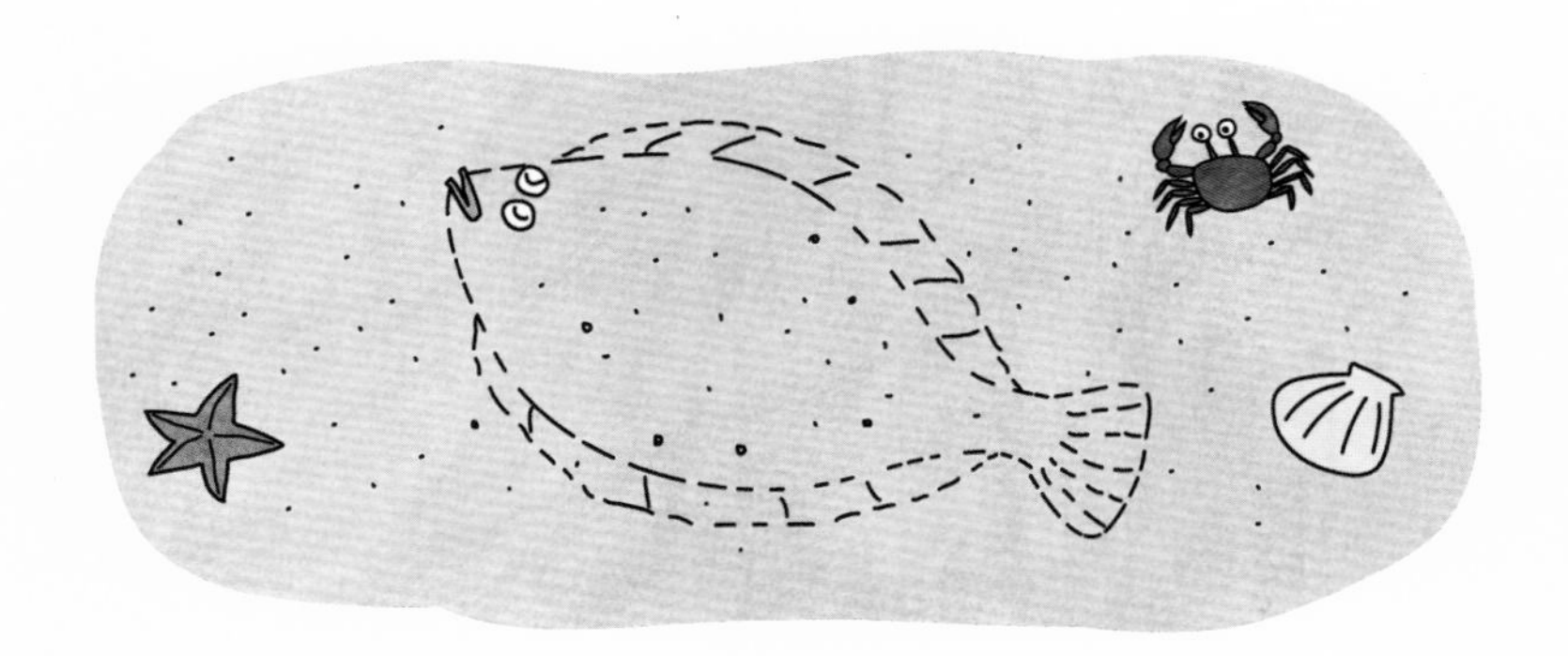

前後左右を 見て、えさや てきを
かくにんするのです。
カレイや ヒラメの 目が、かたほうにしか ついて
いないのは、海で 生きのこるため、からだの つくりを
かえたからなのです。
でも じつは、カレイも ヒラメも、子どもの ころの
目は 左右に 一つずつです。おとなに なるにつれ、
目が かたほうに よりはじめ、すっかり そろった
ところで 海の そこでの 生活に 入ります。

カニは どうして よこに 歩くの？

カニと いえば、よこに 歩く すがたが 思い
うかびますね。カニは 左右に 四本ずつ、計八本の
あしを もっています。そして、それぞれの あしには
「かんせつ」が あります。カニが よこに 歩くのは、
この かんせつの つくりに 理由が あります。

カニの かんせつは、じつは 人間の ひざや ひじの かんせつと、同じ つくりを して いるのです。

人間の ひざや ひじは 一つの むきにしか まがりません。立ったままで、ひざを まげてみて ください。後ろにしか まがらないでしょう。ひじも 同じです。手のひらを 上に して ひじを まげると、顔の ほうにしか まがりません。

カニの あしの かんせつも これと 同じで、自分の からだの ほうにしか まがりません。だから、よこに 歩くしか ないのです。

ただし、カニが　いつでも　よこに　歩くとは
かぎりません。じつは　あしの　つけねの
かんせつだけは、前後左右に　うごきます。ですから、
おちついて　ゆっくりと　歩く　ときや、石を　のぼる
ときなどは、前や　ななめにも　歩けます。
　けれども、ふつうの　ときは　よこ歩きなので、カニは
よこ歩きする　生き物と　いえますね。しかし、すべての
カニが、よこ歩きする　わけでは　ありません。
　たとえば、ふかい　海の　中に　すむ　カニの　中には、
かんせつが　自由に　うごくため、どの　ほうこうにも

歩く ことの できる ものが
います。
また、前にも よこにも
すすめない カニも います。
できるのは、ずりずりと 後ろに
ゆっくりと 後ずさりする ことだけです。てきに
おそわれると かんたんに やられてしまうため、この
カニは、夜に なってから 活動します。すがたが
目立つ 昼間は、海の そこの すなに かくれて
じっと しているのです。

どくキノコが あるのは　どうして？

スーパーマーケットや　青果店などに　行くと、いろいろな　キノコが　ならんでいますね。キノコは「きんるい」と　いう　生き物の　仲間です。しょくぶつと　ちがい、太陽の　光と　水を　つかって、自分で　えいようを　つくり出す　ことが

できません。

　ですから、くさった　木や　はっぱなどから、えいようを　すいとって　そだちます。たおれた木から、にょきにょきと　頭を　出した　様子は、まるで　木から　生えた　子どもの　ようです。「木の　子」と　いう　よび名が　ぴったりですね。

　日本には　四千から　五千もの　キノコの　仲間がいると　いわれています。食べられる　キノコのほかに、食べては　いけない　キノコも　あります。「どくキノコ」と　よばれる　キノコで、わかっているだけで、二百ぐらい　あります。
うっかり　食べてしまうと、
からだの　具合が　わるくなり、
ひどい　ときには　しんでしまう
ことも　あります。

どくキノコに　どくが
あるのは、自分が　どうぶつに　食べられないように
するためか、自分の　どくで　しなせた　どうぶつから
えいようを　もらうためと　考えられています。
どくは　キノコが　生きのこるための　ものなのです。

ドングリって何の 実？

「ドングリ ころころ
どんぶりこ……」と いう 歌も ある ドングリ。
秋に なると、山は もちろん、公園でも 目に します。
ドングリを ひろって あそんだ 人も いますよね。
ところで、ドングリは、「ドングリの 木から おちた

かたちも ぼうしのもようも
いろいろ だよ。

実」では　ありません。　そもそも　ドングリと　いう
木は　ないのです。
　それでは、何の　木の　実なのでしょう。
　じつは　ブナの　仲間の
木に　なる　実の　すべてが、
ドングリと　よばれているのです。
　ドングリは　一本の　木に、
数千こも　みのります。　そして、
秋に　なって　実が　じゅくすと、
つぎつぎと　地面に　おちます。

丸い 形を しているため、コロコロと ころがって
ちらばります。
おちて ちらばるのは、子孫を ふやすためです。
でも、ほとんどが、どうぶつや 虫の えさに なるか、
「め」を 出さずに くさってしまいます。
大むかしの 日本人にとって、ドングリは 大切な
食べ物でした。からを とり、実を くだき、水に
つけるなどして、食べられるように してから、
食べました。

科学のびっくり

どうぶつ いちばん 大集合！

さまざまな 生き物の いちばんを あつめました。

いちばん

イリエワニ

かむ 力が 強い

ワニの 仲間は、ものを かむ 力が 強い ことで、知られています。ものを かむ 力は おもさの たんいで あらわします。イリエワニの あごは、かむ ときに およそ 260キログラムの 力が かかります。これは、自動はんばいきの おもさと 同じ くらいです。

いちばん

ダチョウ

↓

たまごが
大きい

ダチョウは、鳥の　仲間の　中で
いちばん　大きい　しゅるいです。
たまごの　大きさも　いちばんで、
ニワトリの　たまごの　およそ
30こ分の
おもさが
あります。
たまごの
からも
かたくて
じょうぶです。

ニワトリの　たまごの　大きさの
およそ　25～30ばい。

いちばん

マメハチドリ

↓

小さい
鳥

せかいで　いちばん　小さい　鳥は、
マメハチドリです。からだの　長さは
およそ　4～6センチメートルで、
おもさは　およそ
2グラム。1円玉
2こ分の
おもさです。
とぶ　すがたは
ハチに　にて
います。

科学のびっくり 生き物の なぜ？ どうして？ ちょこっと②

生き物に ついての 小さな ぎもんに こたえます。

Q ツバメの 「す」は、何で できているの？

A よく 見る ツバメの すは、おわんのような 形を して います。ツバメは、どろや ワラを あつめてきては、だえき（つば）と まぜて、形を つくります。

Q パセリは どうして にがいの？

A パセリが、なぜ にがいのか、よく わかって いませんが、虫や ほかの どうぶつから 食べられないように する ためと 考えられています。

Q テントウムシが　出す　黄色い　しるは　何？

A テントウムシは、きけんを　かんじると　あしの　ところから、黄色い　しるを　出します。この　しるは　とても　くさくて、なめると　にがい　あじが　します。くさくて　にがい　しるは、虫を　食べる　鳥も　にがてです。黄色い　しるは、てきに　食べられるのを　ふせぐために　出しているのです。

Q イカが　空を　とぶって、本当？

A イカには、鳥のような　つばさは　ありません。けれども、「ろうと」と　よばれる　スミを　出す　ところから　水を　いきおいよく　はき出して、海の　上に　とび出す　ことが　できます。そして、そのまま　ヒレと　10本の　あしを　上手に　つかって、空中を　とぶ　ことが　できるのです。

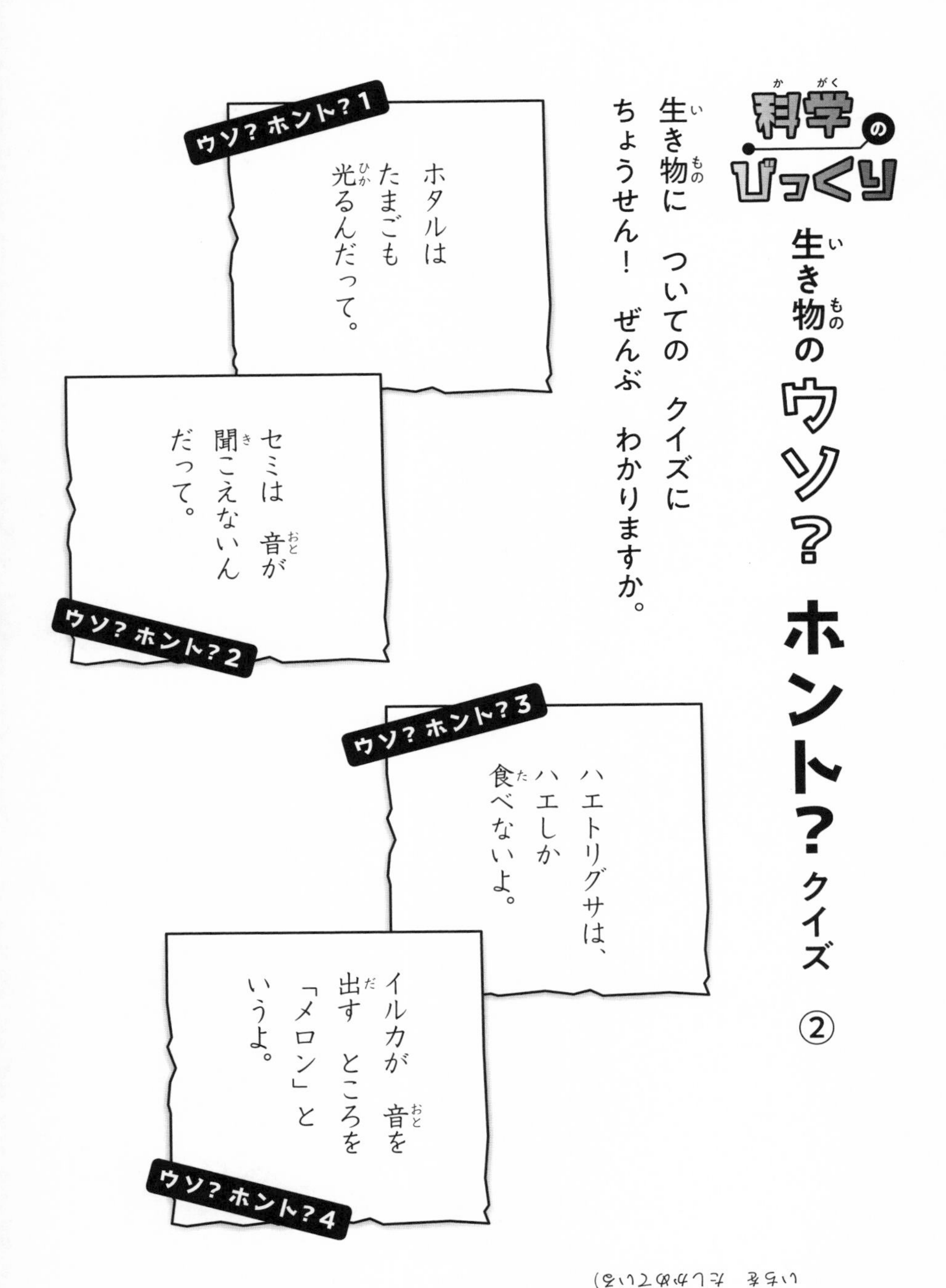

こたえ ①ホント ②ウソ ③ウソ ④ホント（おでこから 音を 出して いちを たしかめている）

食べ物や 身近な ものの お話

しおは　どうやって　つくるの？

しおは　およそ　四十六おく年前、地球が生まれたのと　だいたい　同じ　ときに　できました。地球上で、しおを　一番　多く　ふくむのは　海の水です。地球が　できた　あと、何十おく年も　かけて、りくの　しおが　海の　水に　とけこんだため、

今のように とても しおからく なりました。

地球の 海の 水から ぜんぶの しおを ぬいて まきちらすと、地球 全体が およそ 九十メートルの あつさの しおで おおわれると いわれて います。すごい りょうですね。

しおは 食べ物の あじを つける だけで なく、人の けんこうを たもつのに なくては ならない ものです。

ですから、人は むかしから、いろいろな 方法で、海の 水から しおを とり出して きました。

日本では　むかし、「もしおやき」や「塩田」と
いう　方法で、しおを　とり出していました。
もしおやきは、ほした　海そうに　ついた　しおを
海の　水に　とかして　つぼなどに　入れ、火で
ねっして　水分を　とばし、しおに　する　方法です。
塩田は、海の　水を　すなはまに　しみこませてから、
しおを　とり出す　方法です。海の　水を
しみこませては、水分を　とばす　作業を　何度も
くりかえします。すると、すなには　しおが　たくさん
つきます。すなに　ついた　しおを　水で　とかし、

こい しお水を つくります。これを 大きな かまでにつめ、水分を とばして、しおに するのです。
今は 海の 水に 電気を通して、こい しお水をつくり、につめて しおにする 方法で つくられています。

ヨーグルトは どうして すっぱいの？

ヨーグルトは　牛にゅうから　つくられる　食べ物です。ほんのり　あまくて　水のような　牛にゅうが、すっぱくて　やわらかい　かたまりの　ヨーグルトに　なるなんて　ふしぎですね。これは、「にゅうさんきん」の　はたらきに　よる　ものです。

にゅうさんきんは 「び生物」の 一つです。び生物と いうのは、目に 見えない とても 小さな 生き物の ことです。わたしたちが 「きん」や 「かび」と よんでいる ものです。「きん」や 「かび」と いうと、なんだか からだに わるそうですね。でも、にゅうさんきんは、人に とって よい はたらきを する び生物です。

まず、ヨーグルトの かんたんな つくり方を 見てみましょう。牛にゅうを 四十〜四十五度 (おふろの おゆより 少し あついくらい)に

あたためて、にゅうさんきんを　まぜます。おんどを
だいたい　四十度に　なるように　して　半日ほど
おくと、にゅうさんきんが　ふえて　ヨーグルトが
できます。にゅうさんきんは、四十度ぐらいの
おんどの　ときに　一番　ふえるのです。

　にゅうさんきんが　ふえるためには、おんどの
ほかに　食べ物も　ひつようです。じつは、
にゅうさんきんは、牛にゅうに　ふくまれている
「にゅうとう」と　いう　あまい　ものが
大すきなのです。にゅうとうを　モリモリと

食べながら、すっぱい
あじの　もとに　なる
「にゅうさん」を　出します。
にゅうさんが　ふえると、
牛にゅうは　すっぱい　あじの
ヨーグルトに　なるのです。
　ヨーグルトは、からだの　中の
腸の　はたらきを　たすけるなど、
けんこうに　よい　食べ物です。
毎日、食べると　いいですね。

にゅうさんきん

まどガラスが くもるのは なぜ？

空気には 「水じょう気」と よばれる、小さな
水の つぶが たくさん まじっています。
ふだんは 目に 見えませんが、ひやされると
もとの 水の すがたに もどります。
夏の あつい とき、つめたい のみものを 入れた

コップに、水てきが　たくさん　ついている　ことが
あるでしょう。
あれは　コップの　まわりの　水じょう気が
ひやされた　ことで、もとの　水の　すがたに
なったからです。
同じような　ことは、まどガラスでも　見られます。
一番　多いのは　冬ですね。
冬は　さむいので、だんぼうを
つけている　家が　多いです。でも、どんなに　家の
中を　あたたかくしても、外の　空気に　ふれている

まどガラスは、つめたく　なっています。

　この　つめたい　まどガラスに、家の　中の　あたたかい　空気が　ふれると、空気の　中に　ある　水じょう気は　ひやされ、もとの　水に　なって　しまいます。「まどガラスが　くもった」とは、空気の　中の　水じょう気が、まどガラスの　つめたさで　ひやされた　様子を　いうんですね。

けむりと 湯気は どう ちがうの？

ものが もえるとき、立ちのぼる ものを「けむり」と いいます。
また、おゆを わかした ときに、立ちのぼる ものを「湯気」と いいます。
けむりと 湯気は、にているように 見えますが、

どう　ちがうのでしょうか。

　けむりとは、ものが　もえる　ときに　出される、小さな　つぶを　ふくんだ　空気を　いいます。この小さな　つぶは、ものを　もやすのに　ひつような「さんそ」が　足りないと　たくさん　出ます。もえる　ものに　よって　けむりの　色も、はい色、黒色、白色と　さまざまです。

　湯気は、水が　ふっとうした　ときに　出ます。でも、さいしょから　湯気が　出る　わけではありません。まず　「水じょう気」が　出ます。

水じょう気は たいへん
小さな 水の つぶなので、
目で 見る ことは
できません。
しかし、ひやされると
もとの 水の すがたに
もどります。湯気は 水じょう気が
ひやされた ものです。だから、目に 見えるのです。
ですから、どこから 出ているかを 見れば、
けむりか 湯気かが わかりますね。

土ねんどで　いろいろな　形が　つくれるのは　なぜ？

土ねんどの　もとに　なっているのは、火山から　ふき出した　「ようがん」*や　「火山ばい」*です。ようがんや　火山ばいは、地面に　つもったまま　かたまります。そして、風などに　よって　ひょうめんが　けずりとられて　いきます。けずられた

＊ようがん…「マグマ」と　いう　高い　おんどで　地下の　岩が　とけた　ものが、地面の　外に　出てきた　もの。
＊火山ばい…マグマが　こなごなに　なった　もの。

ものは、ころがっていく うちに 細かく
くだかれ、すなよりも 小さな つぶに なります。
やがて、つぶが 雨や 水の ながれに
おしながされて、一つの ところに あつまり、
つみかさなります。そして、自分の おもさで 強く
おされていきます。おされる うちに つぶは
さらに 小さくなり、長い 時間を かけて、水分を
ふくんだ ねんどに なるのです。この ねんどは
かわかなければ いつまでも やわらかい ままです。
やわらかいから、少しの 力で いろいろな 形に

かえる　ことが　できます。また、つぶが　とても
細かいため、小さな　細工を　するのも
かんたんです。

図工で　よく　つかわれているのは、油ねんどです。
油ねんどは、マグマが　ゆっくりと　ひやされて　できた
岩石が　すなよりも　小さな　つぶに　なったものに、
油を　まぜて　つくります。

ねんどは　しぜんが　時間を　かけて　つくった、
地中からの　おくりものとも　いえます。

どうして タイヤには、みぞが あるの？

自動車の タイヤの ひょうめんには、みぞの ような ものが ついていますね。タイヤの みぞは かざりでは ありません。じつは、自動車が あんぜんに 走る ために、とても 大切な やくわりを はたしているのです。

自動車は、エンジンが
つくり出した　力を
タイヤに　つたえます。
すると、タイヤは　*回転して
道との　間で「まさつ*」が
おこります。自動車は
この　まさつの　力の
はたらきで、まっすぐ
すすむのです。
自動車が　止まるのも、

＊回転…じくを　中心に　して　回る　こと。
＊まさつ…ものと　ものとが　こすれ合う　こと。

まさつの 力と かかわりが あります。ブレーキを ふむと、タイヤの 回転が 止まりますね。つまり、タイヤと 道の まさつの 力が 大きくなって、自動車は 止まる ことが できるのです。

ただ、まさつの 力が しっかり はたらくのは、道が かわいている ときです。タイヤと 道の 間に、雨水や 雪が あると、まさつの 力が へって、うまく 回転する ことが できません。

それだけでは ありません。まさつの 力が ないと、自動車は かってに すべっていきます。

すべったままでは、ブレーキを
かけて　タイヤの　回転を
止めても、自動車は　止まらず、
大きな　じこを　おこして
しまいます。
　雨の　日や　雪の　日でも、
あんぜんに　走るためには、
タイヤと　道の　間で、
あるていど　まさつの　力を
はたらかせつづける　ひつようが

あります。ここで タイヤの みぞの 出番に
なります。
タイヤに みぞが あると、道の 雨水や 雪は、
タイヤの 回転に 合わせて、すばやく 外に
かき出されていきます。
雨水が たまったり、雪が つもったり しても、
自動車が あんぜんに 走る ことが できるのは、
タイヤに きざまれた みぞが、タイヤと 道の
まさつを たもっているから なのです。

自動はんばいきは どうやって お金を 見分けるの？

自動はんばいきは、かんたんに 買いものが できるから、とても べんりですね。ところで、お店で お金を 出すと、お店の 人が きちんと お金を 計算してくれます。でも、自動はんばいきは、お金を 入れて ボタンを

おすだけです。
だれも かくにんを していませんが、 まちがいを しません。 きちんと お金を 数えてくれるし、 おつりだって 正しく 出してくれます。
どうして、 こんなことが できるのでしょう。
じつは 自動はんばいきは、 どんな お金なのかを 見分けるように つくられているのです。
日本の お金には、 金ぞくで つくられた 「こうか」と、 紙で つくられた 「おさつ」が あります。

こうかは　一円から、五百円まで
六つの　仲間が　あります。
それぞれの　こうかは、形・大きさ・
つかわれている　金ぞく、
すべてが　ちがっています。
また、おさつにも　四つの
仲間が　ありますが、大きさも
もようも　すべて　ちがっています。
自動はんばいきが　お金を
まちがえないのは、はんばいきの

中に ある 「センサー」という きかいが、入ってきた お金を 見分けるからです。

また、入れられた お金に よって、正しく おつりを 出す 仕組みが できているため、おつりを まちがえる ことも ありません。

ただし、こうかに きずが ついていたり、おさつに たくさん しわが あったり すると、センサーが お金を 見分けられず、入ってきた お金を もどしてしまう ことが あります。

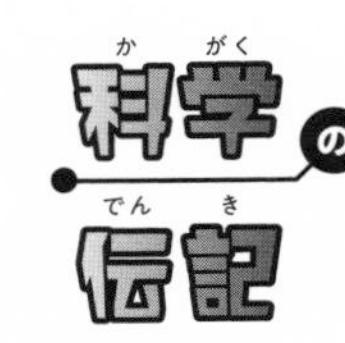

かみなりの　正体を　たしかめた　科学者

フランクリン

（一七〇六年〜一七九〇年）

夏に　なると、よく　目に　する　かみなり。
雲の　上で　光る　ことも　あれば、地上に　むかって
いなづまを　走らせる　ことも　あります。
かみなりの　正体は、長い間
わからない　ままでした。しだいに、「かみなりは

もしかしたら 電気では ないか。」と
考えられるように なりましたが、しらべる 方法は
ありませんでした。

しかし、今から およそ 二百七十年前、
かみなりが 電気で あることが、たしかめられました。
たしかめたのは、アメリカの ベンジャミン・
フランクリンと いう 人です。

フランクリンは、とても いろいろな さいのうを
もっていたので、科学だけでなく、せいじなど、
さまざまな 分野で 活やくしました。

アメリカ国民から、もっとも
そんけいされている　人の
一人です。
フランクリンが　生まれた　家は
せっけんや　ろうそくを　つくる
しごとを　していて、子どもが
十七人と　いう　大家族です。
フランクリンは　十五番めの
子どもでした。
八さいの　とき、フランクリンは

学校に 入ります。せいせきは ばつぐんで、先生たちを おどろかせました。しかし、二年で 学校を やめなければ ならなく なってしまいました。家が 大家族のため、学校に 行くための お金が 出せなく なってしまったのです。

それから フランクリンは、家の 手伝いなどを して、十二さいの とき お兄さんが やっている いんさつの 会社に 入りました。フランクリンは ここで、いんさつの いろいろな わざを みに つけながら、さまざまな 本を 読んで、勉強しました。

また、会社で　新聞を　出しはじめてからは、文章も
書きました。

二十二さいの　とき、フランクリンは　自分の
いんさつの　会社を　つくりました。会社が　あったのは、
フィラデルフィアと　いう
大きな　まちです。
会社は　せいこうし、
フランクリンは
三十さいに　して
有名に　なりました。

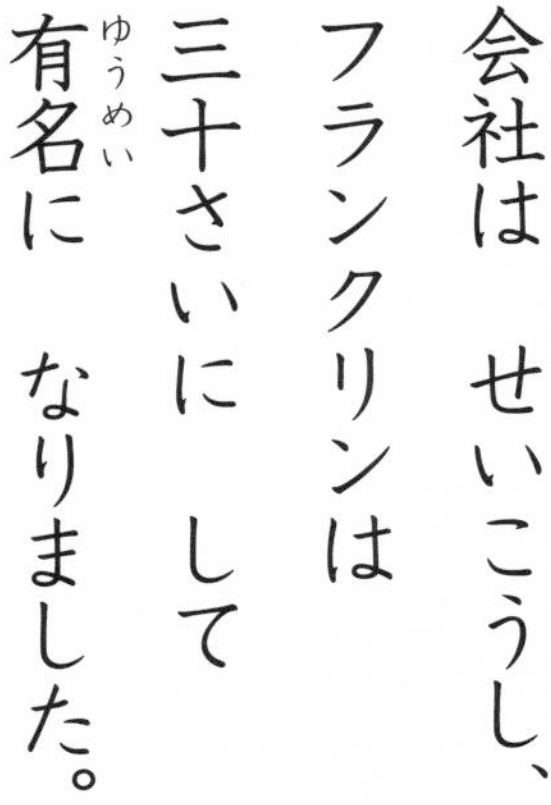

それから　会社だけでなく、まちの　せいじにも
かかわるように　なりました。
さらに　フランクリンは、しだいに　電気の
けんきゅうに　のめりこんでいきます。
電気は　まだ　知られはじめた　ばかりで、多くの
けんきゅう者たちが、正体を　つきとめようと
していました。
おもに　行われていたのは、ものと　ものとを
こすりあわせた　ときに　おこる「せい電気」の
けんきゅうです。

フランクリンは　じっけんを　通して、電気は
先が　とがった　ものに　むかいやすい　ことや、
電気が　空間を　とびかう　「ほう電」などを
見つけました。また、「ライデンびん」と　いって、
せい電気を　ためておくための
道具を　つかって、かみなりの
正体を　つきとめる　じっけんを
行いました。
　かみなりの　音が　とどろく
中、先に　はり金を　つけた

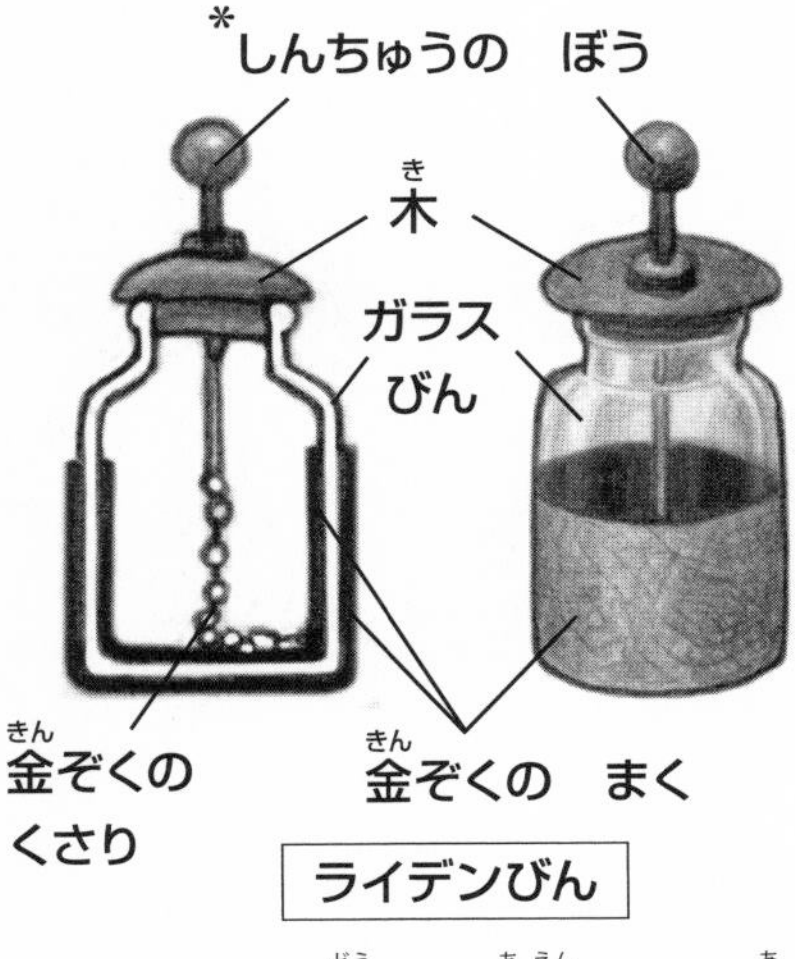

ライデンびん

＊しんちゅう…「銅」と「亜鉛」をまぜ合わせた金属。

タコが　するすると　あげられました。電気は　先が　とがった　金ぞくに　むかいやすいせいしつが　あります。かみなりが　電気のほう電ならば、かみなりは　かならず　はり金におちるはずです。

タコを　つなぐ　タコ糸には、金ぞくの　かぎをつけて、その　近くには　ライデンびんを　おきました。こうすれば、はり金に　おちた　電気は、タコ糸を通って、ライデンびんに　たくわえられるはずだとフランクリンは　考えたのです。

しっぱい　すれば、かみなりに
うたれて　しんでしまう
あぶない　じっけんです。
しかし、フランクリンは
おちついて　とり組み、
かみなりが　電気で　ある
ことを　つきとめたのです。

　フランクリンの　いろいろな
じっけんにより、電気の
けんきゅうは　どんどん

すすみはじめました。

　また、かみなりの　じっけんを うけて、「ひらいしん」も つくられました。先を　とがらせた ぼうを　やねに　とりつける ことで、おちた　かみなりの　電気を 地面へ　にがす　ものです。

　ひらいしんに　よって　かみなりの　じこが　へり、あんしんして　くらせるのは、フランクリンの いのちがけの　じっけんの　おかげなのです。

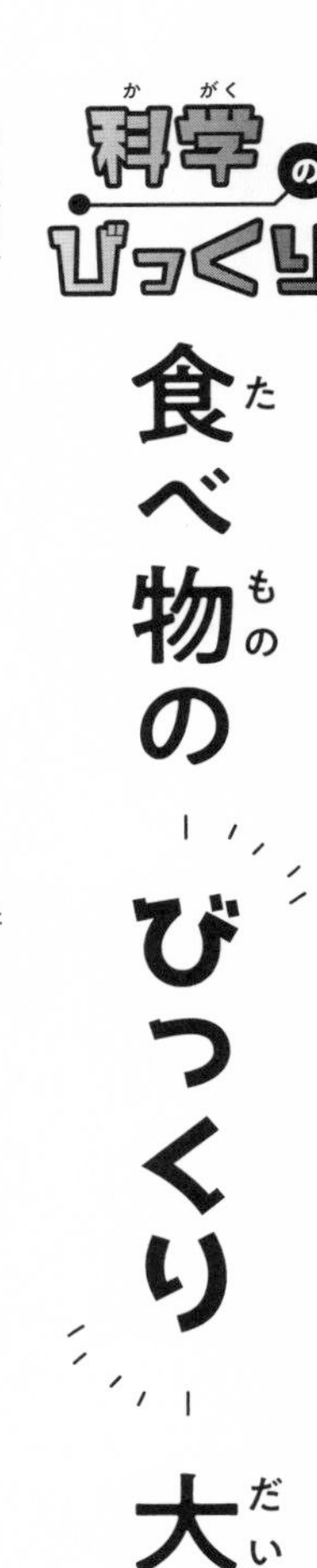

食べ物のびっくり大集合！

日本人は、どのくらい　ものを　食べているのでしょうか。

およそ
２キログラム！

チョコレートの
りょう

日本人が　１年間に　一人で　食べる
チョコレートの　りょうを
計算すると、およそ　２キログラム。
牛にゅうパック　２本分の　おもさと
同じ　くらいです。板チョコ
（ひらべったい　チョコレート）なら、
およそ　40まい分の　りょうに
なります。

およそ 32キログラム!

小麦の りょう

小麦は、小麦粉の もとに なる しょくぶつです。1年間に 日本人が、一人で 食べる 小麦の りょうは およそ 32キログラム。小学4年生 一人分 くらいの おもさに なります。この 小麦で うどんを つくると、およそ 450ぱい できます。

うどん 450 ぱい

たまごは、えいようが つまって いるので、ぜひ 食べたい ものの 一つです。たまごは、1年間に 一人 あたり およそ 350こも 食べられて います。わたしたちは、およそ 1日に 1こずつ たまごを 食べて いる ことに なります。

科学のびっくり

食べ物や 身近な ものの なぜ？ どうして？ ちょこっと

食べ物や 身近な ものに ついて、見てみましょう。

Q ビスケットには、どうして あなが あいているの？

A ビスケットは、うすくて かたい おかしです。やく ときに、ふくらまないように、はりを さして、中の 空気を ぬきます。あなは、その はりの あと なのです。

Q こんにゃくの 黒い つぶは 何？

A こんにゃくは、コンニャクイモと いう しょくぶつの こなから つくります。この こなで つくると、こんにゃくは 白く なります。黒い こんにゃくには、ヒジキなどの こなが まざっています。

Q コルクは 何で できているの？

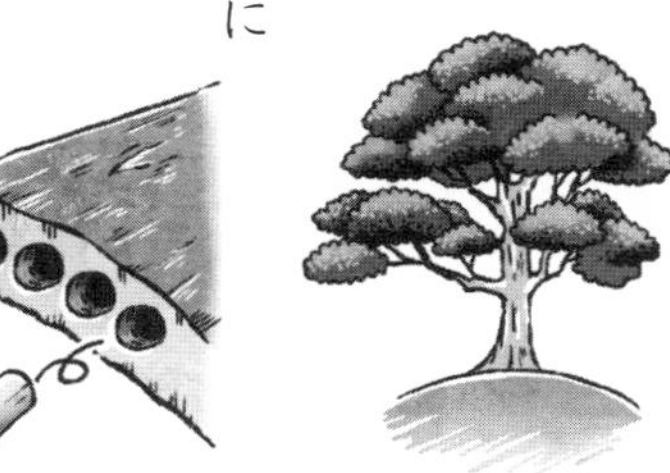

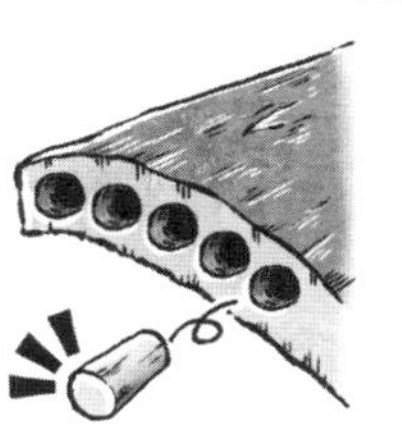

A びんの「せん」などに つかわれる コルクは、木のように 見えて、やわらかくて、ふしぎな ものですね。コルクは、コルクガシと いう 木の かわから つくります。コルクは、かるくて、水や 空気を 通さず、ねつを つたえにくいと いう はたらきが あります。

Q 切手の ぎざぎざは どうやって つけるの？

A 切手を 切りはなす 前は、小さな あなが たくさん ならんで います。これは 「目うち」と いって、切りはなしやすくする くふうです。あなに そって 切ると、切手の まわりは ぎざぎざに なります。目うちは、あなを あける はりを ならべた きかいで あけます。

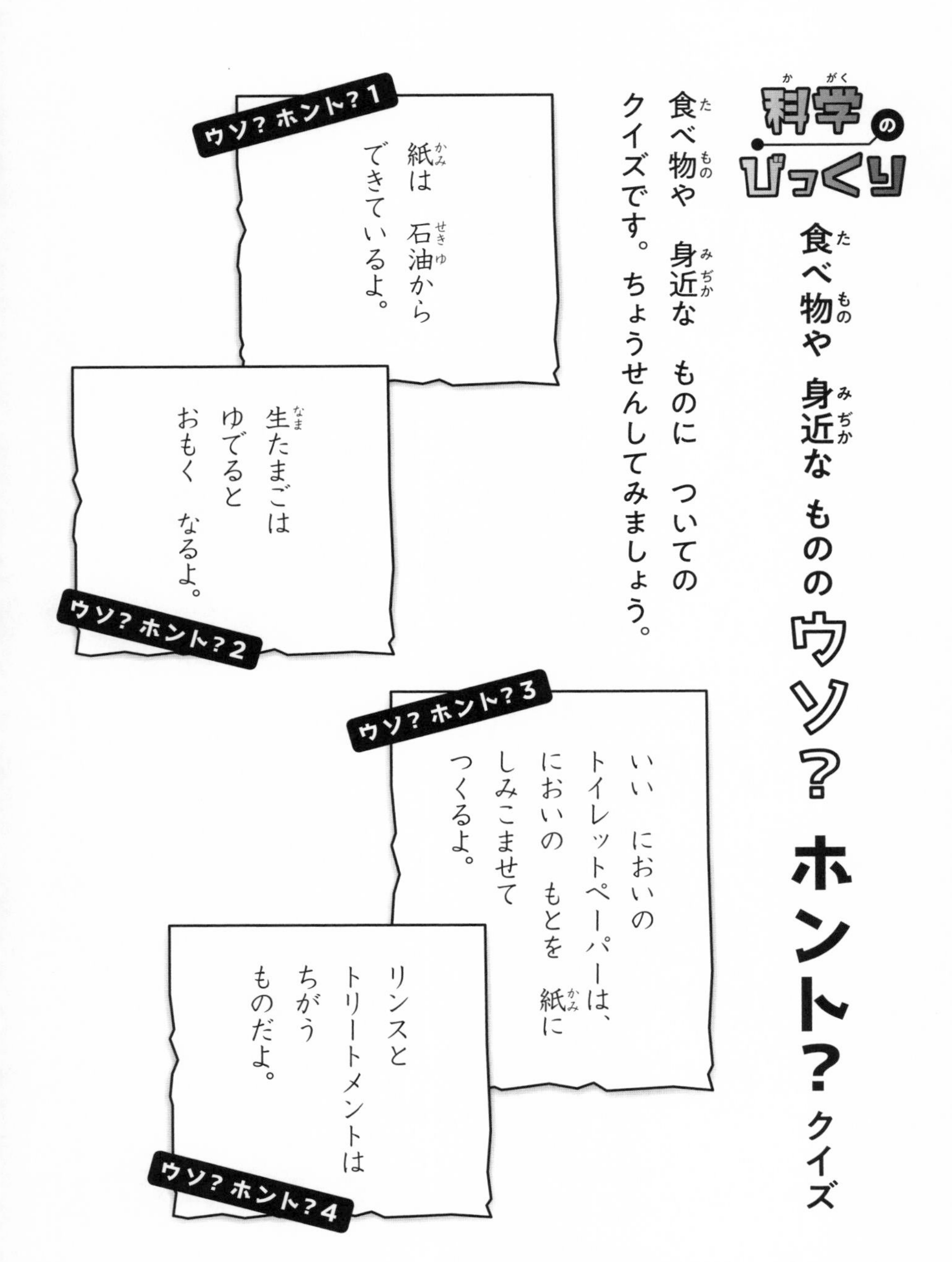

こたえ ①ウソ（木から できている） ②ウソ（ほとんど おもさは かわらない）
③ウソ（しんに しみこませる） ④ホント

地球(ちきゅう)・うちゅうのお話(はなし)

月と　太陽の　ほかに　どんな　星が　あるの？

星には、おもに　「こう星」「わく星」「えい星」の
三つの　仲間が　あります。
まず、「こう星」は　自分で　光を　出している
星です。わたしたちに　とって、一番　身近な
こう星は　太陽です。太陽は、地球を　ふくむ　星の

あつまりである 「太陽けい」の 中心でも あります。
つぎに、「わく星」は こう星の まわりを まわる
星です。わたしたちの すむ 地球も わく星の
一つです。
そして、わく星の まわりを まわる 星を
「えい星」と いいます。月は 地球の まわりを
まわっているので えい星です。
月と 太陽の ほかにも、地球の まわりには、
たくさんの 星が あります。
まずは 太陽けいの 星を 見てみましょう。

太陽に　近い　じゅんに
ならべると、「水星」「金星」
「地球」「火星」「木星」「土星」
「天王星」「海王星」と
なります。これらは　すべて
わく星です。

地球は、太陽けいでは
三番めに　太陽に　近い
わく星と　いう　ことに
なります。

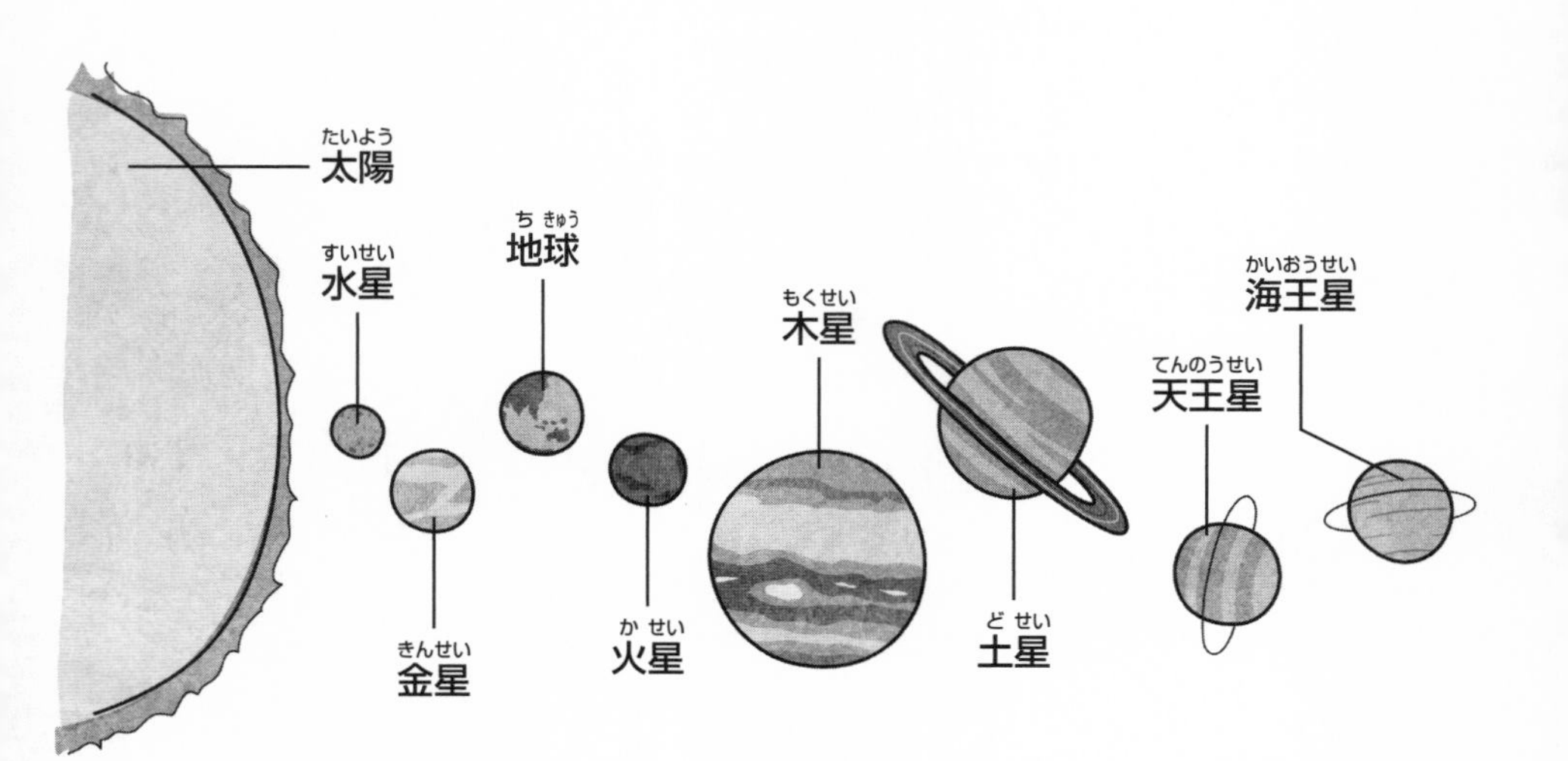

夜の 空に かがやく 星は、月や 太陽よりも 小さく 見えます。でも、星の 大きさは さまざまで、太陽より 大きいものも あれば、地球より 小さい 星も あります。遠くに あるので、小さく 見えるのです。

また、地球のように 岩石で できた 星だけでなく、太陽のように ガスで できた 星も あります。

さらに、太陽けいの 外にも うちゅうは 広がっています。地球は 多くの 星に かこまれていると いえますね。

太陽はどのくらいあついの？

太陽は、今から　およそ　四十六おく年前に、できたと　考えられています。

太陽は、地球が　ある　「太陽けい」の　中心と　なる　星です。大きさは　地球の　およそ　百ばい。本当に　大きいですね。

太陽は、とても　おんどの　高い
ガスの　かたまりで、いつも
ばくはつして　もえています。
太陽の　おもての　おんどは
およそ六千度。大きく
ばくはつした　ときに、
もえ上がる　ほのおが　百万度。
そして、一番　あつい　中心は、
千六百万度も　あるのです。
このように　太陽が　高い

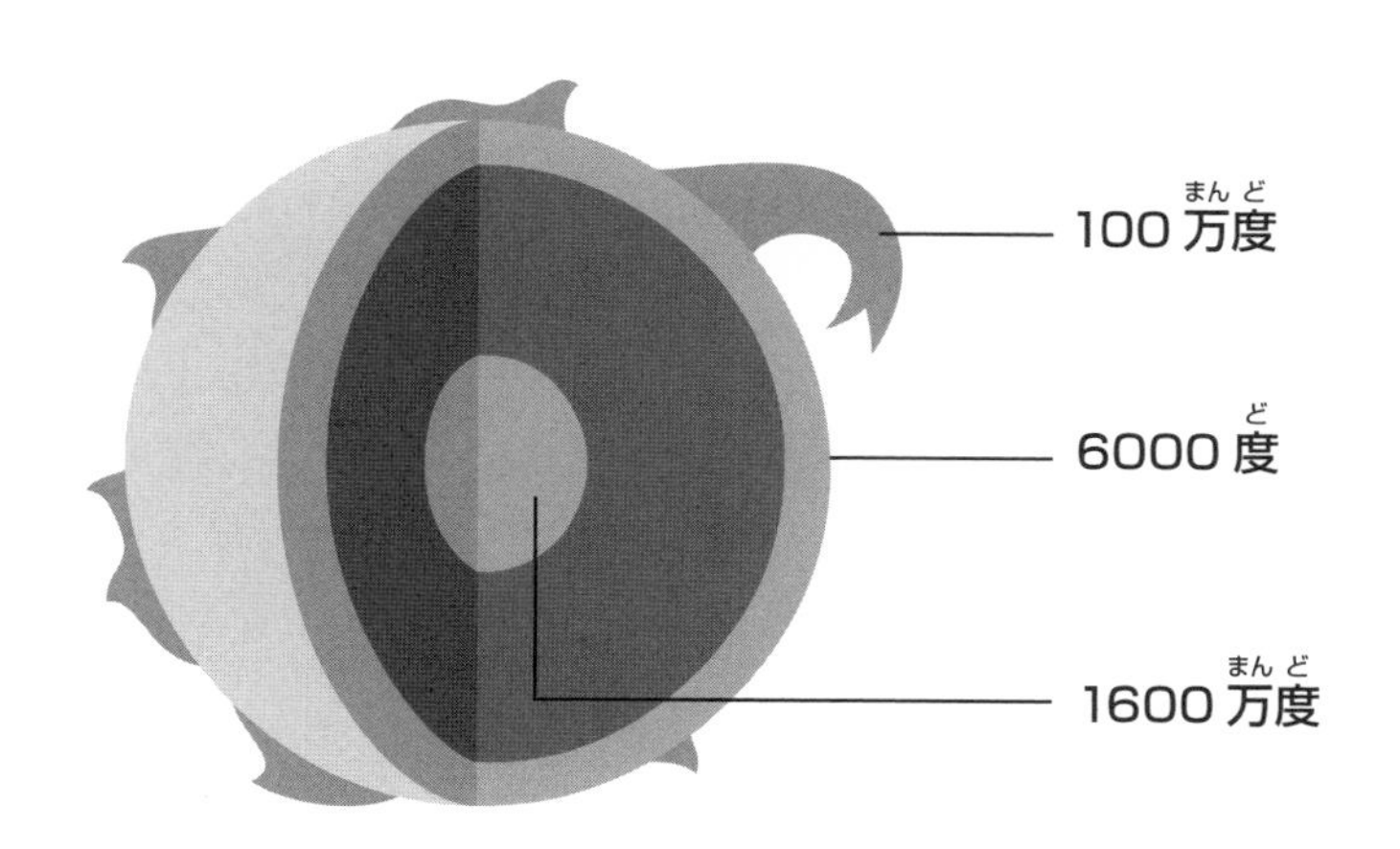

おんどで　もえている　おかげで、
わたしたちは　とても
たすかっています。
たとえば、昼間に　明るいのは、
太陽が　もえる　ことで
生まれた　強い　光が、地球に
とどいているからです。
太陽の　光を　あびると、
あたたかく　かんじるのも
同じ　ことです。もえる　ことで

生まれた ねつが、光と いっしょに 地球に とどいているから、あたたかいのです。

太陽の 光が 地球に とどくまでの 時間は、だいたい 八分です。今 見えている 太陽の 光は、八分前に 太陽から 出た 光と いう ことに なります。

地球から 太陽までは、一おく四千九百六十万キロメートル。こんなに 遠く はなれていても、地球に ねつが とどくのは、太陽が とても あついからなのです。

朝やけや　夕やけが　おこるのは　なぜ？

朝やけとは、日の出前に　空が　赤く　そまる　こと。夕やけとは、日が　しずむ　前に、空が　赤く　そまる　ことを　いいます。

どうして　朝と　夕方の　空は、赤く　やけたように　見えるのでしょう。

太陽の　光には、赤色の　仲間と　青色の　仲間の
二つの　光が　あります。どちらの　光も　まっすぐ
すすみますが、青色の　光は、空気の　中の　ごみや
空気に　じゃまされ、ちってしまいやすい　光です。
昼は　太陽が　地球に　近いため、青色と　赤色の
どちらの　光も、わたしたちの　いる　ところに
とどきます。しかし、朝と　夕方は　遠いため、青色の
光は　とちゅうで　ごみや　空気に　じゃまされて
ちってしまうので、赤色の　光しか、わたしたちの　いる
場所に　とどきません。このため　人の　目には、朝と

夕方に　かぎって、空が　赤く　そまっているように見えるのです。

　では、太陽と　地球が　近づいたり、遠くなったりするのは、どうしてでしょうか。地球は「自転」といって、自分で　くるくると　まわっています。一回まわるのに、二十四時間　かかります。この二十四時間の　間に、朝、昼、夕、夜が　あります。

　朝は、わたしたちの　いる　ところが、太陽に近づきはじめます。昼には、わたしたちの　いるところは、一番　太陽に　近づきます。そして、

夕方には、 わたしたちの いる
ところは、 太陽から 遠ざかり、
夜には 太陽は 見えなく
なります。 こうして、 太陽と
地球が、 近づいたり、
遠ざかったり するため、
とどく 光の 色が
かわるのです。

川はどこからはじまるの？

地球には、大きい川や小さい川など たくさんの川が あります。この 川の 水は、いったい どこから ながれてくるのでしょうか。

川の はじまりは 「げんりゅう」と よばれる、山の 中に ある 小さな わき水です。

この 小さな わき水は、地面に しみこんだ 雨水が 地下水と なり、地上に わき出てきた ものです。
水は 高い ところから、ひくい ほうへと ながれますから、げんりゅうから 出た 水は 山を 下って ながれはじめます。ながれるうちに、「合流」と いって、ほかの 同じように ながれてくる

いくつかの　小さい　川と　合わさって　いきます。ほかの　川の　水と　いっしょに　なる　ことで、水の　りょうは　多くなり、川の　ながれも　大きくなって　いきます。

山から　下れば　下るほど、合わさる　川が　多くなるため、山の　ふもとでは、ながれる　水は　多く、はばも　とても　広い　川に　なります。

そして、最後は　海へと　ながれこむのです。

どんな　大きな　川も、さいしょは　小さな　わき水だ　なんて、ちょっと　おどろきですね。

海の 水は どうして なくならないの？

水は 太陽に よって あたためられると、「じょうはつ」します。じょうはつとは、水が「水じょう気」と いう、目に 見えない 小さなつぶに なる ことを いいます。

コンクリートの 上に できた 小さな 水たまりが、

いつのまにか　きえている　ことが　ありますよね。あれは　水たまりの　水が、じょうはつして、水じょう気に　なってしまった　ために　おこったことです。

地球では、毎日　たくさんの　水が　じょうはつしています。計算すると、一年の　間に　じょうはつした水を　もう一回　地球に　そそぐと、地球の　全体が、およそ　八十センチメートルの　水で　おおわれるそうです。

じつは　この　じょうはつした　水の　うち、半分を

こえる 水が 海の
水なのです。
海は みなさんも 知って
いますよね。地球全体の、
半分を こえる ところが
海に なっています。本当に
広いですね。
しかし、海の 水も
じょうはつしています。
たくさんの 海の 水が

じょうはつしているのに、海の　水は　少しも
へったように　見えませんね。どうしてでしょう。

じつは、じょうはつした　水は　空に　のぼった　あと
海に　もどっているのです。空の　上は　おんどが
ひくいので、水じょう気は　空を　のぼるに　つれて、
ひやされて　目に　見える　小さな　水の　つぶに
なりはじめます。やがて、水の　つぶは　多くなって
白く　見えるように　なります。これが、雲です。

雲は　大きくなると、雨を　ふらせます。地上に
ふった　雨は　海や　川に　ながれこみます。そして、

地下に　しみこんだ　水は地上に　わき出るなどして　川になり、ふたたび　海に　もどっていきます。

　じょうはつを　しても、雨となって　海に　もどり、ふたたびじょうはつを　すると　いうことが　くりかえされるため、海の　水は　いつまで　たってもなくならないのです。

わき水が　つめたいのは　どうして？

地下に　たまっていた　地下水が、
地上に　わき出しているのを　「わき水」と　いいます。
わき水は、町では　ほとんど　見られなく
なりましたが、自然が　ゆたかな　ところには、まだ
たくさん　あります。

わき水の 水を さわった ことが ある 人も いるでしょう。夏には、ひんやりと して、気持ちが いいですね。

水道の 水は、夏に なると 生ぬるく なって しまうのに、なぜ わき水は つめたいのでしょう。

ひみつは 地下の おんどに あります。

地上は 太陽の 光を あびるし、空気も あたためられて、おんどが 上がります。

しかし、地下は 太陽の 光も、空気の あたたかさも とどきにくいため、いつも 同じくらいの おんどです。

つまり、夏の　あつい
ときでも、地下の　おんどは
地上よりも　つめたいのです。
ですから、地下から
わき出してくる　わき水は
夏の　あつい　ときでも、
ひんやりと　かんじるのです。

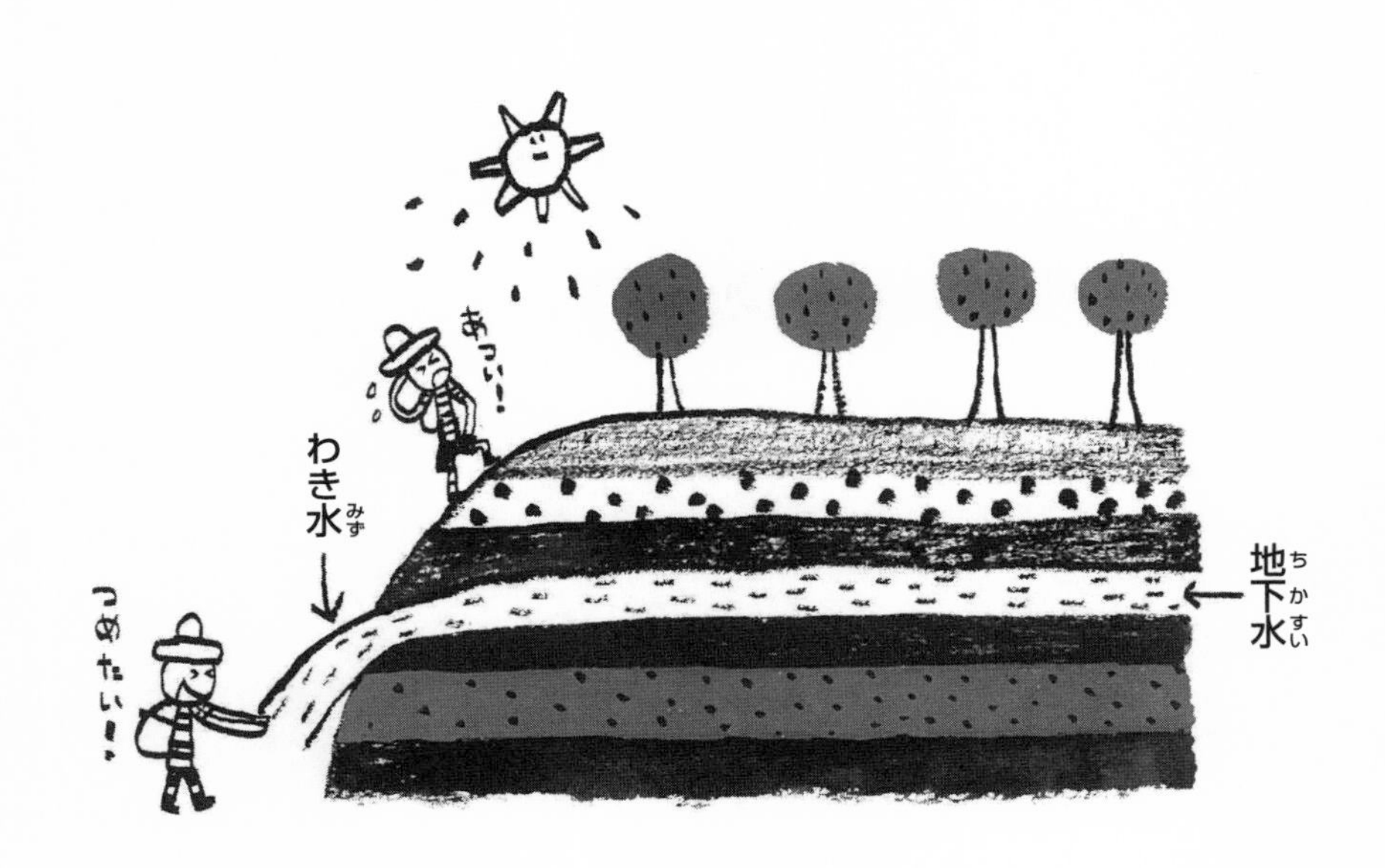

山びこは どうして かえってくるの？

山で 大きな 声を 出すと、同じ 声が かえって
くる ことが ありますね。
わたしたちは これを 「山びこ」と よびます。
むかしの 人は、「山の ようかい『山びこ』が 声を
かえす」と 考えていました。

そこで、山びこと　いう　名前が
つけられました。
しかし、山びこが　おこるのは、
ようかいの　せいでは　なく、
空気の　ふるえで　声が　きこえて
いるからです。
音は　空気が　ふるえる　ことに
よって、つたわっていきます。
さえぎる　ものが　なければ、
ふるえは　いつしか　弱まって　きえます。

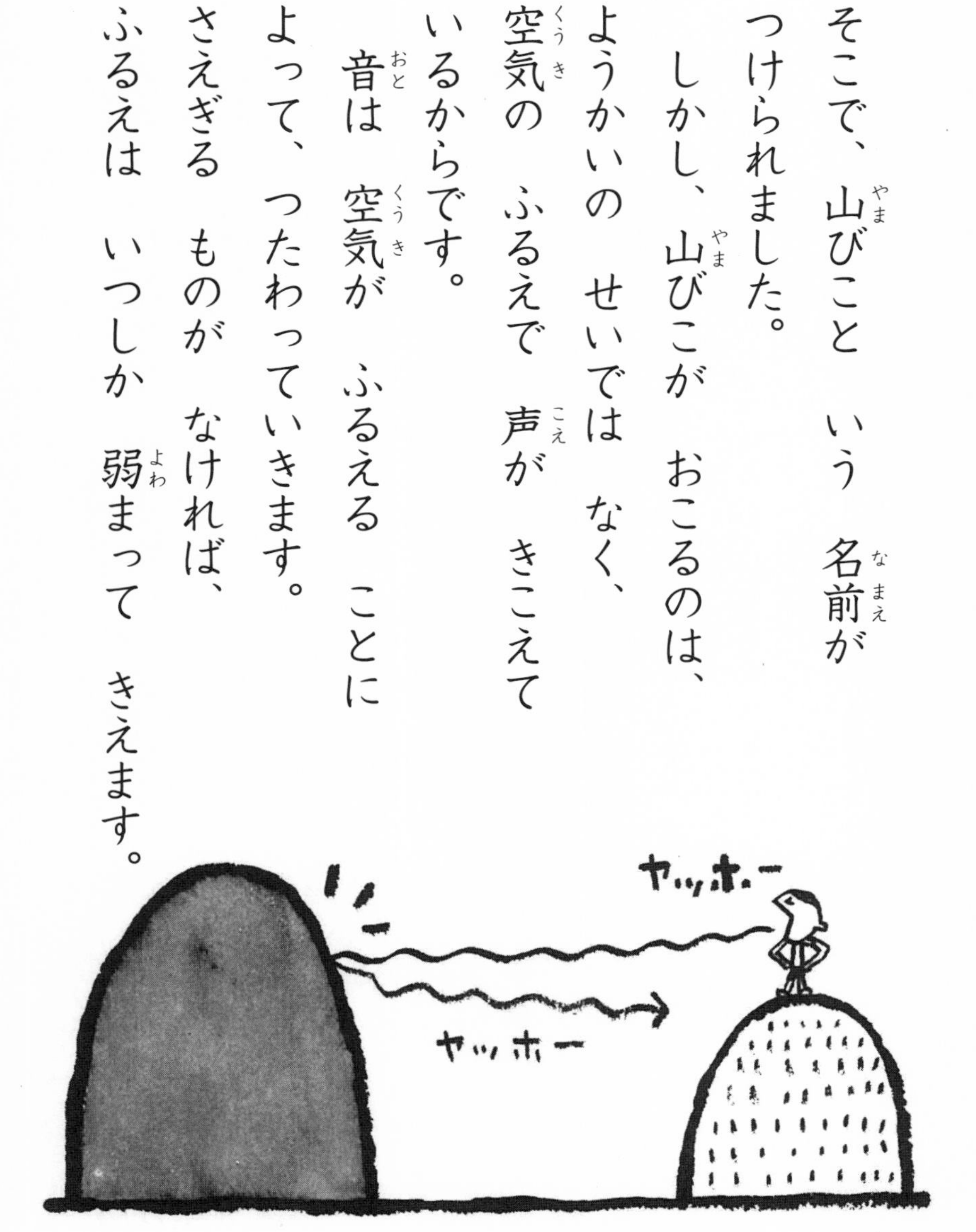

しかし、さえぎる ものが あると、ふるえは ものに 当たって はねかえります。

山びこと いうのは、自分が 出した 声で 空気が ふるえ、むこうの 山に 当たって はねかえり、自分の 耳に とどく ことなのです。

ですから、「ヤッホー」と さけんで、「ヤッホー」と かえってくるのは、まわりに 山が ある ときに かぎります。山の てっぺんから、ひらけた ほうに むかって さけんでも、声は かえってこないのです。

科学のびっくり

うちゅうの　びっくり　大集合！

うちゅうに　ついての　さまざまな　びっくりを　あつめました。

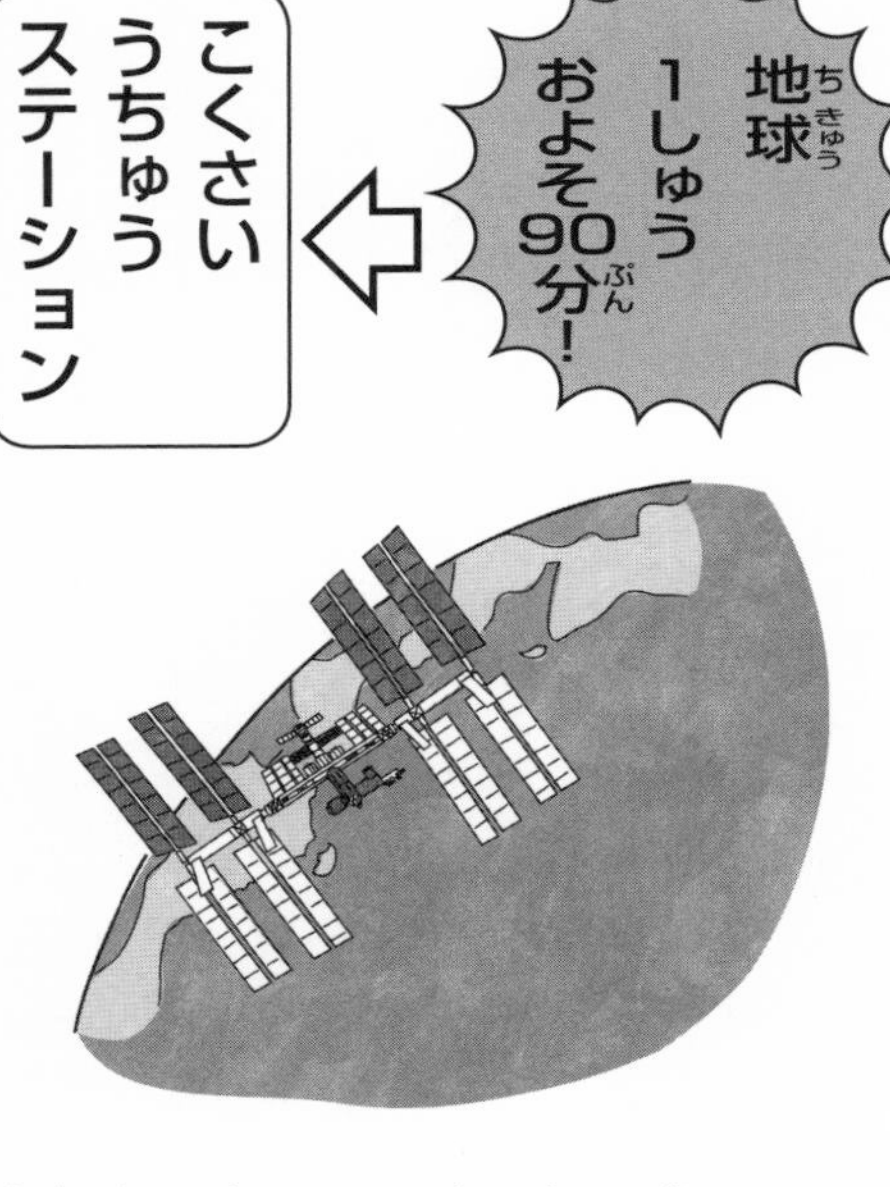

こくさいうちゅうステーションは、うちゅうで　いろいろな　じっけんなどを　行う　ところです。地球の　まわりを「えい星」のように　ずっと　まわっています。太陽の　光が　当たる　昼と、光が　当たらない　夜が　45分ごとに　やってきます。

うちゅうふくの ねだん

およそ10おく円！

アメリカで つくられた うちゅうふくは、1ちゃく およそ10おく円です。うちゅうひこうしの いのちを まもるための 水や さんそなども そなえられて いるからです。

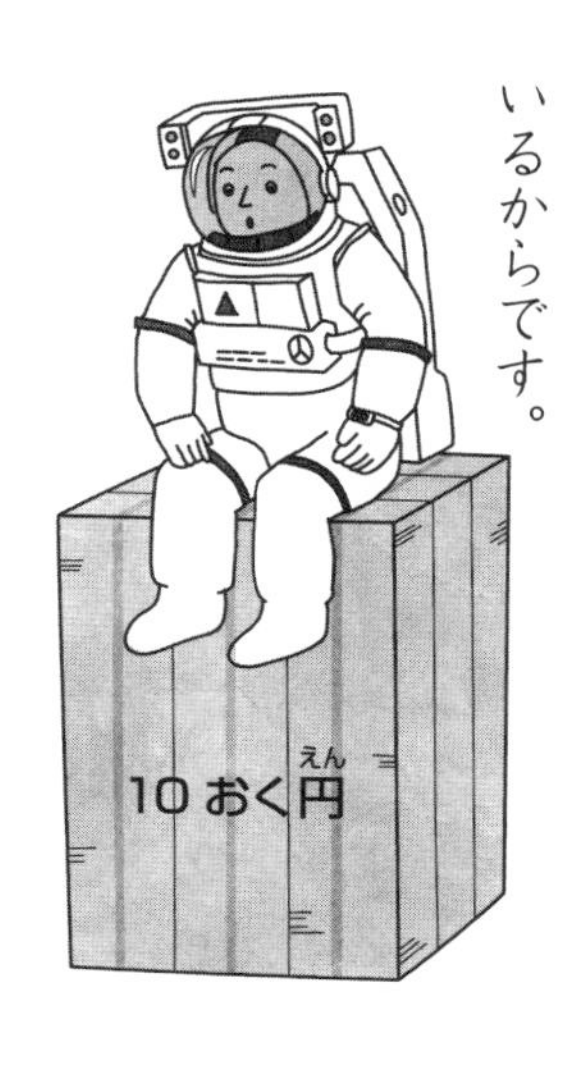

星座の数

88こ！

星座は、大むかしの 人が いくつかの 星を つなぎ 合わせて、ものや どうぶつ、人の 名前などを つけて よんだのが はじまりです。いろいろな 国で ちがう よび方が できてしまったため、90年ほど 前に せかいで 同じ 名前に して 88この 星座を きめました。

科学のびっくり

地球・うちゅうの なぜ？ どうして？ ちょこっと

地球と うちゅうに ついての、ぎもんに こたえます。

Q 天気雨は どうして ふるの？

A 天気雨は 太陽が 出ているのに 雨が ふる ことです。雨が 地上に おちる 前に 雲が きえたり、雨が 風で とばされて、晴れている 場所に おちたり したためです。

Q 山や 海で 星が たくさん 見えるのは なぜ？

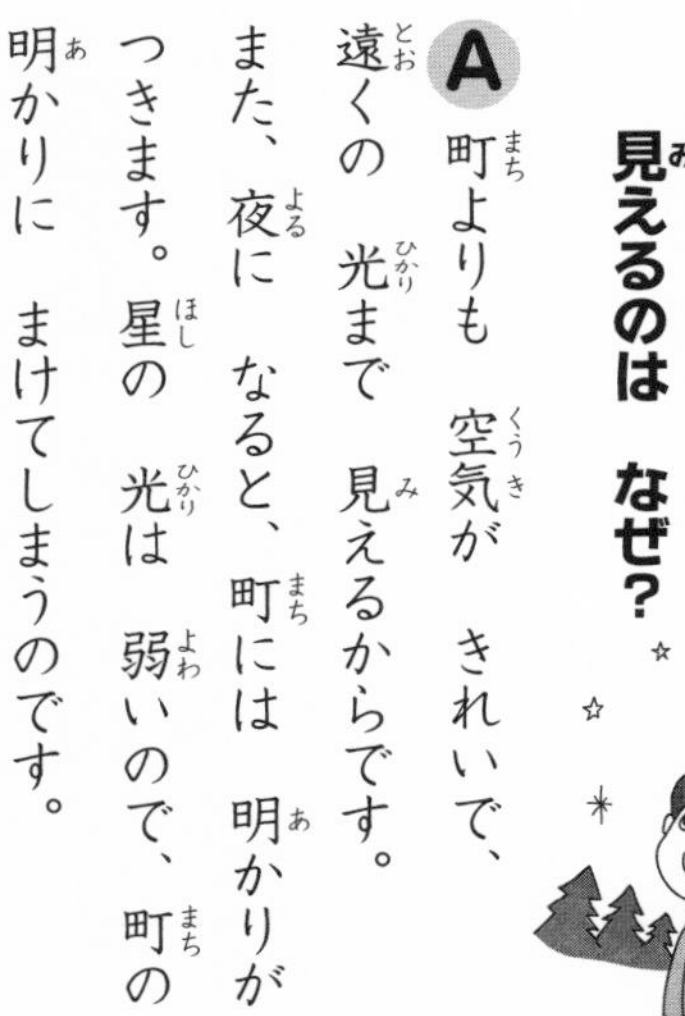

A 町よりも 空気が きれいで、遠くの 光まで 見えるからです。また、夜に なると、町には 明かりが つきます。星の 光は 弱いので、町の 明かりに まけてしまうのです。

Q 月の おんどは どの くらいなの？

太陽の光

昼

夜

A 地球の 空気は、
おんどを たもつ
はたらきが あります。
いっぽう、月には 空気が ありません。
だから、昼と 夜の おんどの さが
大きく なります。昼は 110度、夜は
マイナス170度 です。昼の 月の
おんどは、ふっとうした おゆよりも
あついのです。

Q 太陽の「黒点」って、何？

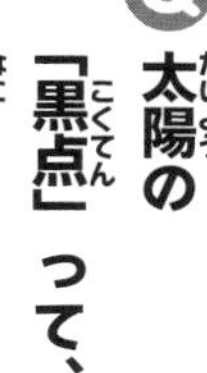

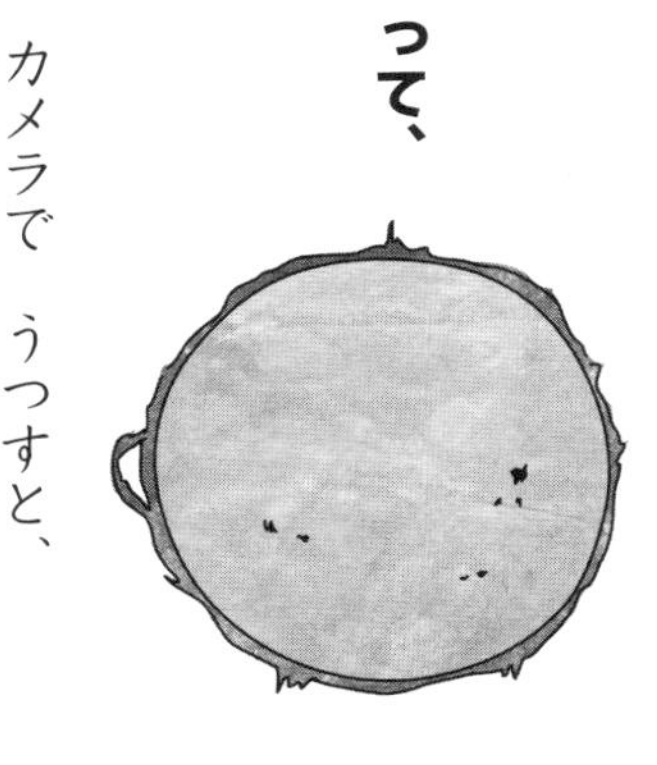

A 太陽を
とくべつな カメラで うつすと、
ほくろのような 黒い 点が
うつります。これが 黒点です。太陽の
ひょうめんの おんどは だいたい
６０００度 くらい ですが、黒点の
ところは ４５００度と 少し
ひくく なっています。おんどが
高いほうが 明るいので、黒点は
黒く 見えるのです。

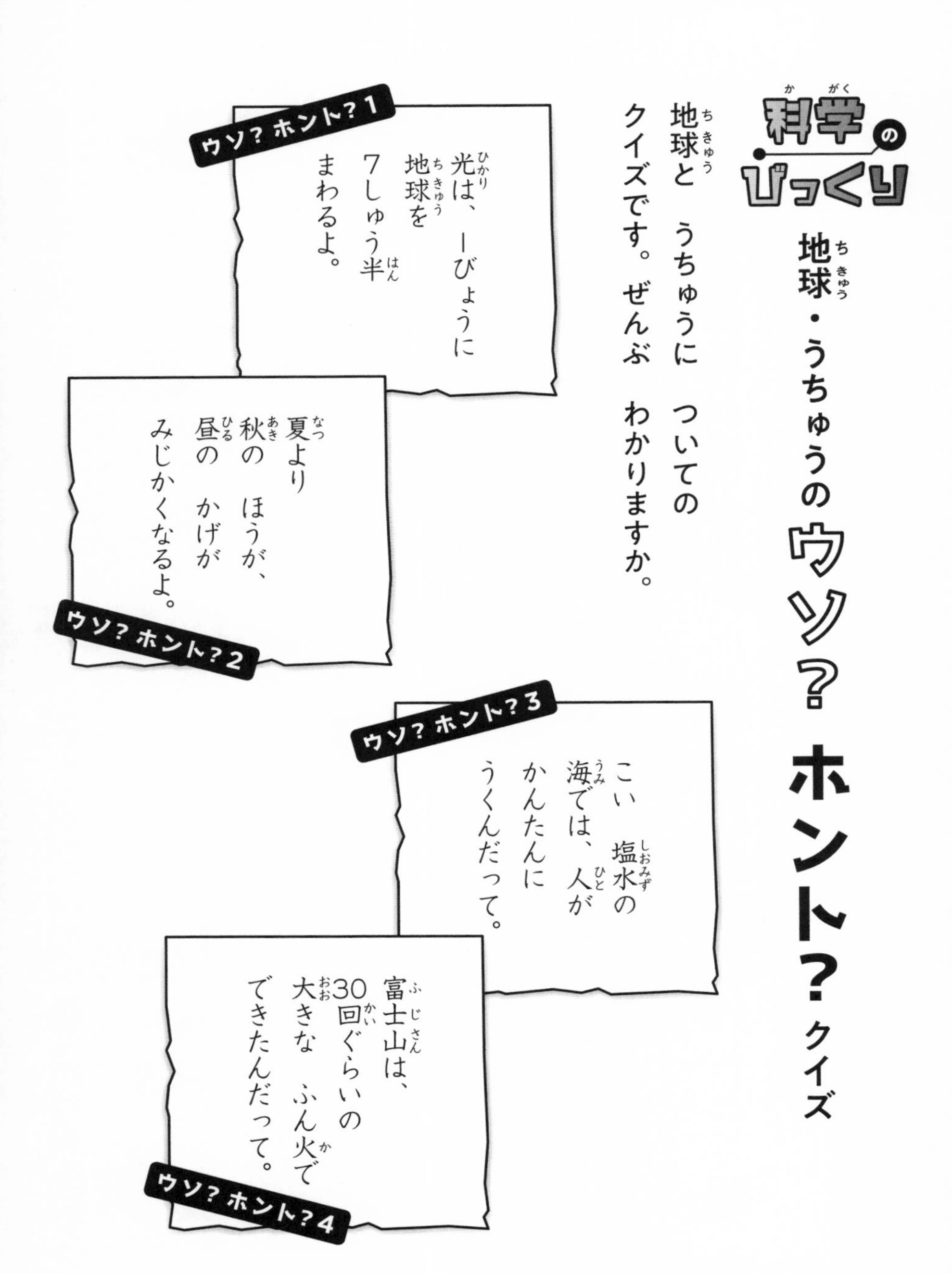

こたえ ①ホント ②ウソ（秋の ほうが 長くなる） ③ホント ④ウソ（30回では なく、3回）

科学の　びっくり

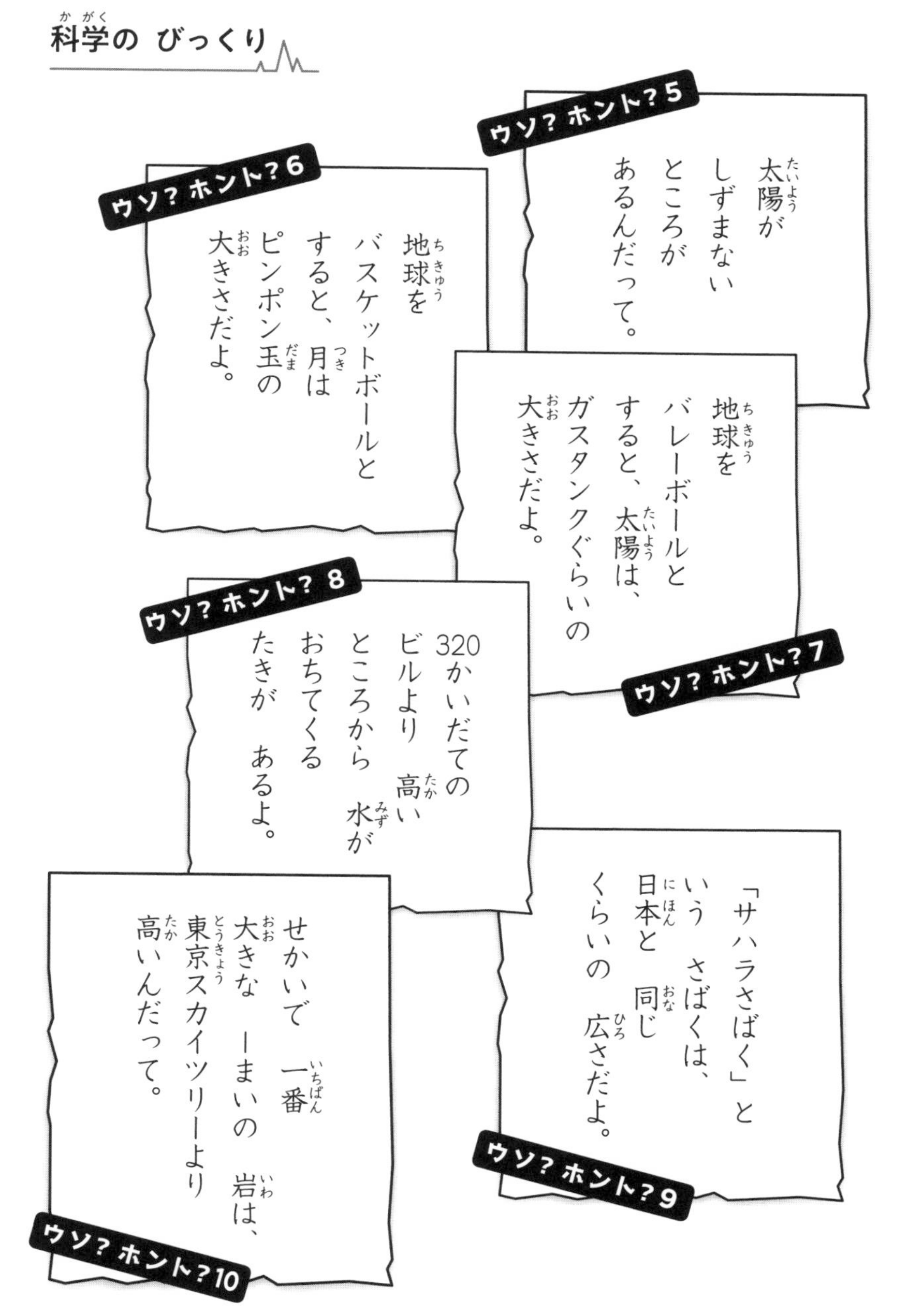

こたえ　⑤ホント（「白夜」の　こと）　⑥ウソ（月は　野球の　ボールの　大きさ）　⑦ホント　⑧ホント（せかい一の　たきは　高さ　979メートル）　⑨ウソ（日本の　およそ　20ばい）　⑩ホント（せかい一　大きな　岩は　高さ　858メートル）

おうちの方へ

横浜国立大学名誉教授
森本信也

◇◇◇

小学校では２０２０年度から新しい学習指導要領のもとで授業が進められています。授業の形は今までとは異なります。アクティブ・ラーニングと称する新しい形態の授業が試みられます。今までのように、子どもに知識の記憶のみを求める授業ではありません。子ども自身が問題をもち、その解決のために情報を集め、クラスの仲間と共に議論をしながら、解決していこうとする活動が重視されます。こうした授業は中学校、高等学校、さらには大学でも同じように進められます。

この授業では、子どもの心が「なぜ？どうして？」と常に活性化され、問題解決する活動が促されます。子どもが能動的に、つまり、アクティブに学習に臨む力と態度を育てようとしているのです。子どもの好奇心は旺盛です。本書でも取り上げられているように「ゾウの耳はどうして大きいの」「山びこはどうしてかえってくるの」等々枚挙にいとまがありません。子どものこうした好奇心こそがアクティブ・ラーニングの素地になります。科学的に探究する力は、こうした活動から生まれます。本書はこうした活動を支援するために編集されました。

本書はじめの観音開きページでは、「しぜんさいがい」という問題が提起されます。そこで、「大雨」「噴火」「台風」「地震」の被害について調べ、次いで、これらの現象の仕組みについて理解し、最終的に防災について自分でできることを考えます。問題の提起、解決のための情報提示、子どもなりに考えることへの誘い、というように、こうした活動が展開されます。本文もこれを受けて同じように展開され、子ども自身が考えながら、問題解決することが促されます。

この活動は、子どもが大人、仲間との情報についての「対話」により、深められます。二年次で子どもに身につきつつある学習習慣です。本書の読みを通してさらに育みたいと思います。本書編集の願いです。

森本信也（もりもと　しんや）

横浜国立大学名誉教授。博士（教育学）。専門は理科教育学。

著書に『考える力が身につく対話的な理科授業』（2013）、『子どもの科学的リテラシー形成を目指した生活科・理科授業の開発』（2009）、いずれも東洋館出版社、『幼児の体験活動に見る「科学の芽」』（2011、学校図書）。監修書に、『ふしぎこどもずかん　科学』（2013、学研教育出版）などがある。

監修	横浜国立大学名誉教授　森本信也
文	森村宗冬　入澤宣幸
表紙絵	スタジオポノック／米林宏昌　©STUDIO PONOC
本文絵	アキワシンヤ　岡村治栄　尾田瑞季　金田啓介　越濱久晴　すがわらけいこ　八木橋麗代 やまざきかおり
装丁・デザイン	株式会社マーグラ（香山 大）
写真協力	朝日新聞社　アフロ　フォトライブラリー
編集協力	入澤宣幸 株式会社童夢（植木康子）
校閲・校正	株式会社バンティアン　遠藤理恵

よみとく10分

なぜ？ どうして？ 科学のぎもん 2年生

2014年2月28日　第1刷発行
2020年7月21日　増補改訂版 第1刷発行

発行人	土屋　徹
編集人	土屋　徹
企画編集	辻田紗央子
発行所	株式会社 学研プラス 〒141-8415　東京都品川区西五反田 2-11-8
印刷所	図書印刷株式会社

※本書は、『なぜ？ どうして？ もっと科学のお話　2年生』（2014年刊）を増補改訂したものです。

この本に関する各種お問い合わせ先
- 本の内容については、下記サイトのお問い合わせフォームよりお願いします。
  https://gakken-plus.co.jp/contact/
- 在庫については Tel 03-6431-1197（販売部）
- 不良品（落丁、乱丁）については　Tel 0570-000577
  学研業務センター 〒354-0045 埼玉県入間郡三芳町上富 279-1
- 上記以外のお問い合わせは Tel 0570-056-710（学研グループ総合案内）

学研の書籍・雑誌についての新刊情報・詳細情報は、下記をご覧ください。
学研出版サイト　https://hon.gakken.jp/